JOSÉ ROBERTO JULIANELLI
BRUNO ALVES DASSIE
MÁRIO LUIZ ALVES DE LIMA
ILYDIO PEREIRA DE SÁ

Curso de Análise Combinatória e Probabilidade

Curso de Análise Combinatória e Probabilidade

Copyright© Editora Ciência Moderna Ltda., 2009

Todos os direitos para a língua portuguesa reservados pela EDITORA CIÊNCIA MODERNA LTDA.

De acordo com a Lei 9.610, de 19/2/1998, nenhuma parte deste livro poderá ser reproduzida, transmitida e gravada, por qualquer meio eletrônico, mecânico, por fotocópia e outros, sem a prévia autorização, por escrito, da Editora.

Editor: Paulo André P. Marques
Supervisão Editorial: Camila Cabete Machado
Copidesque: Nancy Juozapavicius
Capa: Cristina Satchko Hodge
Diagramação: André Oliva
Assistente Editorial: Patricia da Silva Fernandes

Várias **Marcas Registradas** aparecem no decorrer deste livro. Mais do que simplesmente listar esses nomes e informar quem possui seus direitos de exploração, ou ainda imprimir os logotipos das mesmas, o editor declara estar utilizando tais nomes apenas para fins editoriais, em benefício exclusivo do dono da Marca Registrada, sem intenção de infringir as regras de sua utilização. Qualquer semelhança em nomes próprios e acontecimentos será mera coincidência.

FICHA CATALOGRÁFICA

JULIANELLI, *José Roberto;* **DASSIE**, *Bruno Alves;* **LIMA**, *Mário Luiz Alves de;* **SÁ**, *Ilydio Pereira de*

Curso de Análise Combinatória e Probabilidade

Rio de Janeiro: Editora Ciência Moderna Ltda., 2009.

1. Análise Combinatória, 2.Probabilidade
I — Título

ISBN: 978-85-7393-797-8

CDD 511.6
519

Editora Ciência Moderna Ltda.
R. Alice Figueiredo, 46 – Riachuelo
Rio de Janeiro, RJ – Brasil   CEP: 20.950-150
Tel: (21) 2201-6662/ Fax: (21) 2201-6896
E-MAIL: LCM@LCM.COM.BR
WWW.LCM.COM.BR

01/09

APRESENTAÇÃO

Ao estudar Análise Combinatória e Cálculo das Probabilidades, os alunos das turmas do Ensino Médio e também do Ensino Superior sempre apresentam muitas dificuldades.

Esse é, sem qualquer dúvida, um dos temas mais difíceis da Matemática, devido a uma grande quantidade de variações que um mesmo problema pode apresentar. Às vezes, ao se retirar ou acrescentar uma simples palavra o problema passa a ter uma outra interpretação e, conseqüentemente, uma nova solução.

Além disso, a metodologia que costuma ser utilizada na maioria dos livros didáticos acaba privilegiando a aplicação de fórmulas, tentando "enquadrar" os problemas, de modo que os alunos acabam decorando alguns formatos e, na maioria dos casos, não conseguem entender o uso daquelas fórmulas e nem mesmo o porquê de as estarem utilizando.

Depois de muitos anos ensinando esse capítulo da Matemática aos nossos alunos, percebemos que era infinitamente mais aproveitável começar o estudo da Análise Combinatória pelo Princípio Multiplicativo, mas não apenas começar por ele. Insistir com ele, exaustivamente, até que os alunos sejam capazes de diferenciar os problemas, segundo as características próprias de cada um. Depois sim, podemos apresentar os tipos usuais de agrupamentos. Nesse ponto, é muito compensador perceber que os alunos fazem as referências e comparações com inúmeros problemas já resolvidos anteriormente e, o que em nossa opinião é melhor ainda, optam por resolver os novos problemas propostos sem utilizar as fórmulas apresentadas.

Por isso, fizemos a opção de utilizar essa metodologia no trabalho que estamos apresentando. Acreditamos que é uma maneira menos árida, que dá ao aluno a oportunidade de desenvolver diversas formas de raciocínio, além de aproximá-lo da matéria que, por si só, é um fator que prejudica essa aproximação. Além da metodologia escolhida, apresentamos uma quantidade muito grande de exercícios resolvidos, alguns com mais de uma solução, com o objetivo de nortear o estudo de cada leitor.

No segundo capítulo apresentamos o Binômio de Newton também de uma forma menos tradicional, quando procuramos levar o estudante a entender o mecanismo de formação da potência de um binômio e fazemos uma correlação com o capítulo anterior. Desta forma fica muito fácil estender o estudo do binômio, apresentando a potência de um polinômio qualquer.

Finalmente, no terceiro capítulo é apresentado o Cálculo de Probabilidades onde são definidos os principais conceitos acompanhados da resolução de

IV | Curso de Análise Combinatória e Probabilidade

muitos problemas relacionados com o cotidiano dos alunos. Há ainda, no final do livro, uma coletânea de questões, para uma revisão geral de todo o conteúdo estudado.

Esperamos que o leitor goste deste trabalho, ao mesmo tempo em que nos colocamos à disposição para receber críticas e sugestões que sirvam para enriquecê-lo numa próxima edição.

Obrigado e bom estudo!

Sumário

Capítulo 1. Análise Combinatória 1

1. Introdução 1
2. O Princípio Multiplicativo 6
   Telefones, Placas e Filas 7
   Casquinhas com Três Bolas e a Mega Sena 14
3. Fatorial de um Número Natural 30
4. Tipos de Agrupamentos 34
   4.1 Arranjos Simples 35
   4.2 Permutação Simples 36
   4.3 Permutação com Elementos Repetidos 38
   4.4 Combinação Simples 39
   4.5 Permutações Circulares 43
   4.6 Combinações Completas 44
   (ou combinações com elementos repetidos)
   4.7 Arranjos com Repetição 48

Capítulo 2. Binômio de Newton 61

1. Introdução 61
2. Termo Geral do Desenvolvimento do Binômio de Newton 64
3. Observações 66
4. Coeficientes Binomiais e Triângulo de Pascal 71
   4.1 Coeficientes Binomiais 73
   4.2 Observações 76
5. Potenciação de Polinômios 79
   5.1 Leitura Complementar 83
   5.2 O Triângulo de Pascal e a Seqüência de Fibonacci 85
   5.3 Ainda outra Curiosidade 86

Capítulo 3. Probabilidades 87

1. Introdução 87
2. Origem Histórica 89
3. Probabilidades Discretas – Conceitos Básicos 90
   3.1 Experimento Aleatório 90
   3.2 Espaço Amostral (ou de casos ou resultados) 90

VI | Curso de Análise Combinatória e Probabilidade

3.3 Acontecimento ou evento de um experimento aleatório 91
3.4 Conceito de Probabilidade 93
3.5 Espaço Amostral Eqüiprovável 94
3.6 Probabilidade de um Evento Qualquer 95
3.7 Probabilidade da União de Eventos 97
3.8 Eventos Mutuamente Exclusivos 98
3.9 Probabilidade de não Ocorrer um Evento 98
3.10 Probabilidade Condicional 101
3.11 Distribuição Binomial em Probabilidades 104

As Três Principais Formas de Definição de Probabilidades 107
A) Definição Clássica 107
B) A definição de Probabilidade como Freqüência Relativa 108
Freqüência Relativa de um Evento 108
Propriedades da Freqüência Relativa 109
Crítica à Definição Freqüencial 110
C) Definição Axiomática de Probabilidade 110

Leituras Complementares 119
1) Desafio: Probabilidade X Intuição 119
2) O Problema da Coincidência dos Aniversários 120
3) Os Jogadores e a Consulta a Galileu 122
4) Um Jogo de Cinco Dados 124
5) As Loterias e as Probabilidades 126
6) Não há um Único Caminho Correto no Cálculo das Probabilidades... 128
7) Aplicações na Área Biomédica – Genética 131
8) Probabilidade Geométrica 136

Leitura Complementar 141
Paradoxos, Probabilidades e Lei dos Grandes Números 141
O paradoxo de D'Alembert 143

Exercícios Complementares 147
Questões de Concursos 155
Exercícios Complementares - Revisão Geral 168

Referências Bibiográficas 199

CAPÍTULO 1.
ANÁLISE COMBINATÓRIA

1. Introdução

A Análise Combinatória é um ramo da Matemática que estuda, fundamentalmente, a formação de agrupamentos de elementos, numa abordagem quantitativa, a partir de um determinado conjunto, sendo esses elementos submetidos a condições previamente estabelecidas.

O importante, em uma primeira análise do problema, é detectar as etapas que devem ser atendidas, a fim de que o mesmo possa ser resolvido.

Por exemplo, quando você vai ao futebol e no estádio existem três portões de entrada e saída, pode-se determinar de quantas maneiras diferentes é possível entrar e sair desse estádio, escolhendo-se um desses três portões. Dessa forma você estará quantificando – contando – todas as possibilidades. É fácil observar que esse problema pode ser resolvido detectando que ele possui duas etapas bem definidas: a primeira, seria entrar no estádio por um dos 3 portões; a segunda, após assistir o jogo, sair do estádio também por um dos 3 portões.

Há problemas de contagem que podem ser resolvidos de forma descritiva, isto é, temos a possibilidade de listar todas as soluções e depois contá-las. No entanto, há outros em que o número de possibilidades é tão grande que seria inviável tentar explicitar todas elas.

Voltando ao problema do estádio, veja como ele poderia ser resolvido:

Chamemos de A, B e C cada um dos portões. A 1ª etapa será: escolher um portão para entrar; a 2ª etapa será escolher um portão para sair.

Note que o problema não impõe qualquer restrição quanto aos portões que deverão ser escolhidos. Assim, podemos construir a seguinte tabela:

Curso de Análise Combinatória e Probabilidade

1ª etapa	2ª etapa	Soluções
A	A	AA
A	B	AB
A	C	AC
B	A	BA
B	B	BB
B	C	BC
C	A	CA
C	B	CB
C	C	CC
3 opções	Para cada escolha feita na 1ª etapa, temos 3 opções para a 2ª etapa	Total: 9

Observe que na primeira etapa ele tinha 3 opções de escolha e na segunda, para cada uma das 3, ele possuía outras 3 opções. Assim o total de soluções é igual a 3 x 3 = 9

Vejamos agora o mesmo problema quando introduzimos uma restrição.

Por exemplo, se após entrar no estádio, o torcedor não puder sair pelo mesmo portão que entrou, o problema terá outra solução. Obviamente, nesse caso, na 2ª etapa o torcedor só terá duas opções.

Veja então como ficará o novo quadro:

1ª etapa	2ª etapa	Soluções
A	B	AB
A	C	AC
B	A	BA
B	C	BC
C	A	CA
C	B	CB
3	Agora, para cada escolha feita na 1ª etapa, temos 2 opções para a 2ª etapa	6

Agora vamos analisar um problema com mais de duas etapas.

Suponha que Maria possui 3 saias diferentes, 2 blusas diferentes e 2 pares de sapatos, também diferentes. Se ela vai sair com seu novo namorado vestindo uma dessas saias, uma dessas blusas e um desses pares de sapatos, de quantas formas distintas (diferentes) ela poderá se vestir. (Vamos admitir

Análise Combinatória | 3

apenas o fator quantitativo e não o estético das possíveis composições...)

Esse problema é composto de 3 etapas distintas: primeiramente Maria vai escolher a saia; em seguida escolherá a blusa e, finalmente, os sapatos.

Se construirmos uma tabela, considerando s1, s2 e s3 as saias, b1 e b2 as blusas e p1 e p2 os pares de sapatos, teremos a seguinte composição:

1ª etapa (saia)	2ª etapa (blusa)	3ª etapa (sapatos)	Soluções
s1	b1	p1	s1b1p1
		p2	s1b1p2
	b2	p1	s1b2p1
		p2	s1b2p2
s2	b1	p1	s2b1p1
		p2	s2b1p2
	b2	p1	s2b2p1
		p2	s2b2p2
s3	b1	p1	s3b1p1
		p2	s3b1p2
	b2	p1	s3b2p1
		p2	s3b2p2
3	2 opções para cada opção feita na 1ª etapa (aqui já temos 6 escolhas possíveis)	Aqui temos 2 para cada uma das 6 já obtidas na 1ª e 2ª etapas	Total: 12

Na primeira etapa ela possuía três opções (escolher uma das 3 saias); na segunda etapa, para cada uma dessas 3, ela teve duas opções (escolher uma das 2 blusas) e na terceira etapa, para cada uma das 6 anteriores, ela teve duas opções, totalizando 3 x 2 x 2 = 12 formas distintas de se vestir.

A seguir, há uma série de exercícios que deverão ser resolvidos, quando possível, de forma descritiva. Procure resolvê-los de forma semelhante ao que foi desenvolvido até aqui.

Mais adiante será enunciado o PRINCÍPIO FUNDAMENTAL DA CONTAGEM ou PRINCÍPIO MULTIPLICATIVO, quando se espera que você já esteja bastante familiarizado com esse tipo de raciocínio.

4 | Curso de Análise Combinatória e Probabilidade

Exercícios Preliminares

1) Thiago possui 3 blusas diferentes e 2 calças diferentes. De quantas maneiras ele poderá escolher uma blusa e uma calça para se vestir?

2) Quantos números de dois algarismos podem ser formados utilizando elementos do conjunto $\{1, 2, 3\}$?

3) Quantos números de dois algarismos diferentes (distintos) podem ser formados utilizando elementos do conjunto $\{1, 2, 3\}$?

4) Quantos números de três algarismos podem ser formados utilizando elementos do conjunto $\{1, 2, 3\}$?

Solução:
O problema é composto de 3 etapas: escolha do algarismo das centenas, das dezenas e das unidades.

Na primeira etapa deve ser escolhido um dentre os três elementos do conjunto dado; logo há 3 possibilidades de se fazer essa escolha. Na segunda etapa (escolha do algarismo das dezenas), para cada um dos 3 algarismos já escolhidos para ocupar a ordem das centenas, há também 3 opções de escolha, visto que o problema não impôs qualquer restrição; daí já temos 9 possibilidades de formação da centena e da dezena. Finalmente, para a terceira etapa (escolha do algarismo das unidades), para cada uma das 9 opções já encontradas, há 3 possibilidades de escolha, o que totaliza 27 opções para a formação de um número de 3 algarismos.

5) Quantos números de três algarismos diferentes (distintos) podem ser formados utilizando elementos do conjunto $\{1, 2, 3\}$?

Solução:
Esse problema é semelhante ao anterior, com o detalhe de que agora é colocada uma restrição: os algarismos não podem ser repetidos; isto quer dizer que as opções de escolha vão diminuindo a cada etapa. Assim, para a escolha do algarismo das centenas temos 3 opções; para cada um desses 3 algarismos, teremos apenas duas opções de escolha do algarismo das dezenas (o que ocupa a centena não poderá ocupar a dezena!) , totalizando 6 opções; finalmente, para a unidade só resta uma opção (aquele que não ocupa nem a centena, nem a dezena). Logo, o total de números que podem ser formados é igual a 6.

Análise Combinatória | 5

6) Um estádio possui 4 portões. De quantas maneiras diferentes um torcedor pode entrar e sair desse estádio?

7) Um estádio possui 4 portões. De quantas maneiras diferentes um torcedor pode entrar e sair desse estádio utilizando, para sair, um portão diferente do que entrou?

8) Mariana desenhou uma bandeira retangular de 3 listras e deseja pintá-la, de modo que duas listras consecutivas não sejam pintadas da mesma cor. Se ela possui 4 lápis de cores diferentes, de quantas maneiras poderá pintar sua bandeira?

9) Em uma prova havia 4 itens para que os alunos respondessem V (verdadeiro) ou F (falso). De quantas maneiras diferentes um aluno que vai "chutar" todas as respostas poderá responder esses itens?

Solução:
Esse problema é constituído de 4 etapas, pois o aluno irá responder a quatro questões, assinalando V ou F em cada uma. É simples observar que em cada etapa ele terá duas opções, independente da escolha feita anteriormente. Assim, na primeira etapa ele tem duas opções; para cada uma dessas duas ele terá outras duas, totalizando 4; na terceira etapa, para cada uma das quatro já obtidas, ele terá mais duas, totalizando, agora, 8; finalmente, na quarta etapa, para cada uma dessas 8, ele terá duas opções, totalizando 16 possibilidades de marcação.

10) Um painel luminoso retangular é composto por 5 lâmpadas. De quantas maneiras diferentes esse painel pode estar iluminado? (considera-se o painel iluminado se, pelo menos, uma de suas lâmpadas estiver acesa)

Solução:
Esse problema é semelhante ao anterior. Note que ele é composto de 5 etapas (existem 5 lâmpadas no painel, que deverão ser observadas), e para cada lâmpada há duas opções: estar acesa ou apagada. Se utilizarmos a notação lâmpada acesa = A e lâmpada apagada = X, poderemos ter seqüências do tipo:
AAAXX , XXXAA , AXAXA, etc. num total de 32 – é só repetir o raciocínio do exercício 9.

6 | Curso de Análise Combinatória e Probabilidade

O que diferencia basicamente esse problema do anterior é a restrição de que nem todas as lâmpadas poderão estar apagadas ao mesmo tempo, isto é, a ocorrência XXXXX não deve fazer parte dessa solução e ela só ocorrerá, obviamente, uma única vez. Daí, das 32 possibilidades, devemos excluir a única que não satisfaz a condição imposta pelo problema.

Respostas:

1) 6   2) 9   3)6   4) 27   5) 6
6) 16   7) 12   8) 36   9) 16   10) 31

2. O Princípio Multiplicativo

Vamos apresentar o importante conceito do princípio multiplicativo e algumas de suas diversas aplicações nos mais variados campos do conhecimento humano. O estudo desse tema facilita e reduz consideravelmente o número de fórmulas necessárias ao bom entendimento da Matemática Combinatória e do cálculo de Probabilidades.

O chamado princípio multiplicativo é enganosamente simples e muito importante. Segundo ele, se alguma escolha pode ser feita de M diferentes maneiras e alguma escolha subseqüente pode ser feita de N diferentes maneiras, há M x N diferentes maneiras pelas quais essas escolhas podem ser feitas sucessivamente.

Assim, se uma mulher tem cinco blusas e três saias, ela tem   5 x 3 = 15 escolhas de traje, já que cada uma das cinco blusas (B1,B2,B3,B4,B5) pode ser usada com qualquer uma das três saias   (S1, S2, S3), produzindo os seguintes trajes (B1,S1; B1,S2; B1,S3; B2,S1; B2,S2; B2,S3; B3,S1; B3,S2; B3,S3; B4,S1; B4,S2; B4,S3; B5,S1; B5,S2; B5,S3).

Do mesmo modo, o número de pares de resultados possíveis quando lançamos dois dados é 6 x 6 = 36 pois qualquer um dos seis números do primeiro dado pode ser combinado com qualquer um dos seis números do segundo dado. O número de resultados possíveis quando o número do segundo dado difere do primeiro é 6 x 5 = 30; qualquer um dos seis números do primeiro dado pode ser combinado com os cinco números restantes no segundo dado.

> Observação: Esse princípio pode ser estendido quando forem realizadas n escolhas sucessivas.

Assim, o número de resultados possíveis quando se lançam três dados é 6 x 6 x 6 = 216. O número de resultados quando os números nos três dados são diferentes é 6 x 5 x 4 = 120.

Esse princípio fundamental tem valor inestimável para o cálculo de números grandes, como a quantidade máxima de telefones, que poderiam ser instalados em uma cidade, ou o número de cartões distintos que uma pessoa poderia marcar na Mega Sena, com o jogo mais barato possível.

Leia os problemas a seguir com suas respectivas soluções antes de resolver os exercícios propostos.

Telefones, Placas e Filas

Vamos supor que em uma cidade cada número telefônico é formado por 8 dígitos. Nesse caso a quantidade máxima de telefones, com números distintos, que poderiam ser instalados é de $10^8 = 100.000.000$ (se não houver qualquer restrição para as estações, por exemplo).

De maneira semelhante, o número de possíveis placas de automóvel num país onde cada placa é formada por 3 letras e quatro algarismos é 26^3 x 10^4 (175 760 000 placas).

Caso não fossem permitidas repetições de letras ou de algarismos, o número de placas possíveis seria 26 x 25 x 24 x 10 x 9 x 8 x 7 = 78 624 000 placas.

Quando os líderes de oito países do Ocidente se reúnem para o importante evento de um encontro de cúpula — sendo fotografados em grupo —, podem ser alinhados de 8 x 7 x 6 x 5 x 4 x 3 x 2 x 1 = 40.320 diferentes maneiras.

Dessas 40.320 maneiras, em quantas o presidente B e o presidente L ficariam lado a lado?

Para responder a isto, suponha que B e L fossem amarrados por uma corda. Essas sete entidades (os seis líderes restantes e o "pacote" L/B) podem ser alinhadas de 7 x 6 x 5 x 4 x 3 x 2 x 1 = 5040 maneiras (usando mais uma vez o princípio multiplicativo). Esse número deve ser então multiplicado por dois, pois, assim que B e L fossem desamarrados, teríamos uma escolha quanto a qual dos dois líderes situados lado a lado deve ser inserido em primeiro lugar na fila. Há portanto 10.080 maneiras para os líderes se alinharem em que B e L ficariam lado a lado.

Problemas como os que vimos até agora, sem necessidade de uso de qualquer fórmula especial, serão estudados por nós, ao longo do nosso curso, que chamaremos de ARRANJOS E PERMUTAÇÕES.

(Uma adaptação a partir das idéias contidas no livro "Analfabetismo em Matemática e suas conseqüências", de John Allen Paulos)

8 | Curso de Análise Combinatória e Probabilidade

Exercícios

11) Um estudante possui um livro de Matemática, um de Biologia, um de Física, um de Química, um de História e um de Geografia. Desejando organizá-los lado a lado em uma estante, de quantos modos poderá fazê-lo?

A seguir, considere as seguintes condições:

A) o primeiro livro seja o de Matemática
B) o 1° livro seja de Matemática e o 2° de Física
C) os dois primeiros livros sejam os de Matemática e Física
D) os livros de Matemática e Física fiquem juntos
E) os livros de Matemática, Física e Química devem estar juntos, nessa ordem, no início da fila
F) os livros de Matemática, Física e Química devem estar juntos, nessa ordem
G) os livros de Matemática, Física e Química devem estar junto

Solução:
Primeiramente, observemos que o estudante possui 6 livros diferentes. Como o estudante vai arrumar todos os livros, lado a lado, o problema é composto de 6 etapas, onde cada etapa consiste na escolha de um dos livros; evidentemente, após ser escolhido, cada livro deixa de ser uma opção para a escolha do próximo. Assim, teremos:

1ª etapa	2ª etapa	3ª etapa	4ª etapa	5ª etapa	6ª etapa	Total
6	5	4	3	2	1	720

Agora, vamos analisar cada item observando a restrição que está sendo colocada.

A) O primeiro livro ser de Matemática só deixa uma opção para a escolha desse primeiro livro. Depois dessa escolha, os outros 5 livros poderão ocupar qualquer posição na estante, o que nos faz recair num problema semelhante ao anterior. Logo a solução será:

1ª etapa	2ª etapa	3ª etapa	4ª etapa	5ª etapa	6ª etapa	Total
1(livro de Matemática)	5	4	3	2	1	120

B) Agora são colocadas duas condições que devem ser atendidas previamente: o primeiro livro é de Matemática e o segundo, de Física. Logo, a tabela ficará assim:

1ª etapa	2ª etapa	3ª etapa	4ª etapa	5ª etapa	6ª etapa	Total
1(livro de Matemática)	1(livro de Física)	4	3	2	1	24

C) Neste caso, a condição é de que os dois primeiros livros sejam de Matemática e Física, sem, contudo, estabelecer quem será escolhido em primeiro lugar. Nesse caso, vamos considerar duas sub – etapas dentre as 6 inicialmente consideradas: a primeira, com duas opções (escolha do livro de Física ou Matemática) e a segunda com 4 opções (escolha dos 4 livros que sobram após a primeira etapa). Logo, teremos a seguinte tabela:

1ª etapa	2ª etapa	3ª etapa	4ª etapa	5ª etapa	6ª etapa	Total
2(livro de Matemática ou Física)	1	4	3	2	1	48

D) Agora a condição é de que os livros de Física e Matemática estejam sempre juntos, mas não impõe que eles ocupem as duas primeiras posições, isto é, quer apenas que eles fiquem juntos em qualquer posição. Como no caso anterior, vamos considerar que eles podem ficar juntos de duas maneiras: MF ou FM (1ª condição) . Como eles podem ocupar qualquer posição na estante, vamos considerar que eles formem um único bloco – já que estarão sempre juntos - o que leva o problema a ter 5 etapas, e não mais 6. Por exemplo, algumas soluções possíveis são: Q H G (MF) B ; Q H G (FM) B , H B G Q (FM) , ... (é como se tivéssemos apenas 5 livros para arrumar na estante)

10 | Curso de Análise Combinatória e Probabilidade

Teremos então a seguinte tabela:

1ª condição	1ª etapa	2ª etapa	3ª etapa	4ª etapa	5ª etapa	Total
2 . 1	5	4	3	2	1	240

E) As condições apresentadas nos levam às seguintes possíveis soluções: (MFQ) H B G, (MFQ) B G H , ... (é como se tivéssemos apenas 3 livros para arrumar na estante, já que os 3 primeiros não poderão sair do início da fila. Logo o problema se resume a 3 etapas, totalizando 3 . 2 . 1 = 6 possibilidades de arrumação.

F) A condição impõe apenas que os 3 livros estejam juntos na ordem (M F Q) . Nesse caso, algumas possíveis soluções seriam: B (M F Q) H G ; B H (M F Q) G ... (como se tivéssemos 4 livros para arrumar na estante. Logo, o problema possui 4 etapas, e total de possibilidades é dado por: 4 . 3 . 2 . 1 = 24

G) Nesse caso, a condição é de que os três livros permaneçam juntos. Como no item anterior, o problema terá 4 etapas. Ocorre, porém que nesse caso, devemos considerar todas as ordenações possíveis dentro do subgrupo formado pelos livros de Matemática, Física e Química. No item anterior, as 24 possibilidades foram obtidas levando em conta uma possível arrumação – a ordem M F Q; Logo, considerando apenas os três livros, temos um problema composto de 3 etapas, cuja solução é 3 . 2 . 1 = 6 (número de ordenações possíveis para os três livros que ficarão sempre juntos). Daí, a solução do problema será: 6 . 24 = 144

12) Considerando os numerais 1, 2, 3, 4, 5 e 6, quantos números de 4 algarismos poderão ser formados?
A seguir, considere as seguintes condições:

A) os números são formados por algarismos distintos;
B) os números são ímpares;
C) os números são ímpares e com algarismos distintos.

Análise Combinatória | 11

13) Um aluno possui dois livros iguais de Matemática e 4 diferentes de Física. De quantas maneiras ele poderá arrumar esses livros, lado a lado, em uma estante?

Solução:
Para resolver esse problema, podemos, inicialmente considerar que os 6 livros são diferentes, chamando-os de M1 M2 F1 F2 F3 F4 . Nesse caso, teríamos, pelo princípio fundamental: $6 . 5 . 4 . 3 . 2 . 1 = 720$.

Ocorre, porém, que os livros de Matemática são iguais e nesse total de 720, estamos diferenciando as ordenações do tipo M1 M2 F1 F2 F3 F4 e M2 M1 F1 F2 F3 F4 que na verdade são as mesmas. Assim, o total obtido deve ser dividido por dois, a fim de eliminar todas essas "diferentes" ordenações.

14) Quantos anagramas podem ser formados com as letras da palavra "MENGO"? (Obs.: ANAGRAMA é qualquer ordenação formada com as letras de uma palavra, por exemplo: MNGEO, OMEGN, etc.)

    A) Desses, quantos começam com a sílaba MEN?
    B) Quantos apresentam a sílaba MEN?
    C) Quantos apresentam as letras M, E e N juntas?

15) Quantos anagramas podem ser formados com as letras da palavra "URUBU"?

16) De quantas formas diferentes 5 pessoas poderão se assentar, lado a lado em um banco, sabendo que duas dessas pessoas nunca poderão ficar juntas?

Solução:
Podemos resolver esse problema, considerando todas as possibilidades de ordenação das 5 pessoas e depois retirar aquelas que não atendem a condição do problema, isto é, retirar as ordenações em que as duas determinadas pessoas estejam juntas. Assim teremos:
Total de ordenações: $5 . 4 . 3 . 2 . 1 = 120$
Total de ordenações em que duas pessoas A e B estão juntas: $(2 . 1) . 4 . 3 . 2 . 1 = 48$ (o $2 . 1$ indica as ordenações entre A e B; considerando-as sempre juntas, ficamos como se tivéssemos 4 pessoas para ordenar no banco, o que nos dá $4 . 3 . 2 . 1$)
Assim a resposta do problema será: $120 - 48 = 72$

12 | Curso de Análise Combinatória e Probabilidade

17) Seis amigos decidiram formar uma chapa para concorrer na eleição para a Diretoria do seu clube. Sabe-se que a Diretoria é formada por um Presidente, um Vice-Presidente, um Secretário e um Tesoureiro. De quantas maneiras distintas eles poderão formar sua chapa? (Considere que, se as mesmas pessoas ocuparem cargos diferentes, a chapa não será a mesma)

Respostas:
11) A) 120; B) 24; C) 48; D) 240; E) 6; F) 24; G) 144
12) 1296; A) 360; B) 648; C)180
13) 360
14) 120; A) 2; B) 6; C) 36
15) 20
16) 72
17) 360

Observação importante:

Até aqui, as questões que você resolveu levavam em consideração a ordem dos elementos em cada agrupamento formado. Isto é, ao mudar a ordem dos elementos no grupo, obtinha-se um novo agrupamento, diferente do anterior. No entanto, há problemas em que a ordem dos elementos não altera o agrupamento. Nesses casos o procedimento é um pouco diferente do que foi desenvolvido até aqui.

Vamos exemplificar, para tornar a idéia mais clara.

Quando você dispõe de 4 letras, por exemplo, A, B, C e D , e quer formar siglas de 3 letras distintas, o procedimento é simples, pois como já sabemos, o problema pode ser dividido em 3 etapas, sendo que há 4 opções de escolha na primeira, 3 na segunda e 2 na terceira, totalizando 4 . 3 . 2 = 24 agrupamentos (siglas) possíveis.

Veja todas as soluções:

ABC	ABD	ACD	BCD
ACB	ADB	ADC	BDC
BAC	BAD	CAD	CBD
BCA	BDA	CDA	CDB
CAB	DAB	DAC	DBC
CBA	DBA	DCA	DCB

Agora vamos imaginar que você queira formar um grupo de três pessoas, a partir de um conjunto de 4 pessoas, por exemplo, André, Bruna, Carlos e Danilo. Nesse caso, independentemente da ordem em que essas pessoas forem escolhidas, o agrupamento será sempre o mesmo, isto é, se você escolher André(A), Bruna(B) e Carlos(C) para formar um grupo, seja qual for a ordem dessa escolha, o grupo será o mesmo. Observe a primeira coluna da tabela anterior. Nela pode-se perceber que há 6 (seis) ordenações possíveis com os mesmos elementos (A, B e C), mas no problema que estamos analisando elas formam o mesmo agrupamento. Assim, eles deverão ser contados apenas uma e não seis vezes. O mesmo ocorre para as outras 3 colunas. Logo, o problema em análise terá apenas 4 soluções possíveis, isto é, $24 : 6 = 4$

Conclusão: Nesse tipo de problema, em que a ordem dos elementos não interfere na formação do agrupamento, procederemos inicialmente da mesma forma que vínhamos fazendo até aqui. Entretanto, como as possíveis ordenações dentro do conjunto não alteram o grupo, vamos dividir o total obtido pelo número dessas possíveis ordenações, para garantir que estamos contando apenas uma vez esse agrupamento.

Exemplificando: Se você deseja retirar simultaneamente 2 cartas de um baralho de 52 cartas, de quantas maneiras distintas isto poderá ser feito?

Esse é um típico problema em que a ordem das cartas não altera o agrupamento, pois tanto faz a pessoa retirar um ás e um rei, ou um rei e um às que o conjunto é o mesmo. Assim, a solução do problema é

1ª etapa	2ª etapa	total	Ordenações possíveis das duas cartas	total
52	51	2652	2 . 1	1326

No mesmo problema, se fossem retiradas 4 cartas, a solução seria:

1ª etapa	2ª etapa	3ª etapa	4ª etapa	total	Ordenações possíveis das 4 cartas	total
52	51	50	49	6497400	4 . 3 . 2 . 1	270725

14 | Curso de Análise Combinatória e Probabilidade

Antes de continuar, veja a seguir mais dois interessantes problemas:

Casquinhas com Três Bolas e a Mega Sena

Uma famosa sorveteria anuncia 31 diferentes sabores de sorvete. O número possível de casquinhas com três bolas sem nenhuma repetição de sabor é, portanto, 31 x 30 x 29 = 26.970; qualquer um dos 31 sabores pode vir em cima, qualquer um dos 30 restantes no meio, e qualquer um dos 29 remanescentes embaixo.

No entanto, se não estamos interessados no modo como os sabores são dispostos na casquinha, mas simplesmente em quantas casquinhas com três sabores há, dividimos 26.970 por 6, para chegarmos a 4.495 casquinhas.

A razão por que dividimos por 6 é que há 6 = 3 x 2 x 1 diferentes maneiras de dispor os sabores numa casquinha de, por exemplo, morango-baunilha-chocolate: MBC, MCB; BMC; BCM, CBM e CMB. Uma vez que o mesmo se aplica a cada casquinha com três sabores, o número dessas casquinhas será dado por $\dfrac{31 \times 30 \times 29}{3 \times 2 \times 1}$ = 4.495 casquinhas com 3 sabores, escolhidos dentre os 31 oferecidos (sem importar a ordem de colocação desses 3 sabores na casquinha).

Outro exemplo é fornecido pelas muitas loterias existentes em nosso país. A mega-sena, por exemplo, cujo jogo mínimo consiste na escolha de 6 dezenas, dentre as 60 disponíveis. Caso a ordem de escolha dos números fosse importante na escolha do apostador, o total de jogos distintos, com seis dezenas, seria dado por: 60 x 59 x 58 x 57 x 56 x 55. Mas como sabemos que a ordem de escolha desses números não é importante, pois qualquer que fosse a ordem escolhida desses mesmos números, teríamos um mesmo jogo, temos que dividir esse resultado por 6 x 5 x 4 x 3 x 2 x 1 = 720, já que qualquer uma das seqüências de seis números pode ser decomposta em 720 outras apostas iguais.Teremos, portanto 50 063 860 possibilidades de escolha das 6 dezenas, dentre as 60 disponíveis na Mega-sena.

Observe, como curiosidade, que uma pessoa que escolher apenas uma dessas apostas (6 dezenas) terá uma única possibilidade em 50 063 860 de ser o ganhador do prêmio.

Observe agora que a forma do número obtido é a mesma nesses dois exemplos: $\dfrac{31 \times 30 \times 29}{3 \times 2 \times 1}$ diferentes casquinhas com três sabores;

$$\frac{60 \times 59 \times 58 \times 57 \times 56 \times 55}{6 \times 5 \times 4 \times 3 \times 2 \times 1}$$ maneiras de escolher seis números entre os sessenta da mega-sena.

Números obtidos dessa forma são chamados coeficientes combinatórios ou combinações. Eles surgem quando estamos interessados no número de maneiras de escolher R elementos a partir de N elementos e não estamos interessados na ordem em que os R elementos são escolhidos.

Como você pode perceber, o princípio multiplicativo é tão importante no âmbito da Matemática Combinatória que, nos exemplos que vimos até agora, surgiram os três casos de problemas clássicos de contagem: Arranjos, Permutações e Combinações e, mesmo antes de entrarmos em detalhes sobre o tema, já resolvemos diversos exemplos clássicos muito importantes.

Resolva mais alguns:

18) De quantas maneiras diferentes um professor poderá formar um grupo de 3 alunos, escolhidos a partir de um grupo de 6 alunos?

19) De quantas maneiras diferentes uma pessoa poderá retirar três cartas de um baralho com 52 cartas?

20) Num grupo onde há 4 médicos e 5 professores, quantas comissões podem ser formadas com 4 desses profissionais?

Considere a seguir as seguintes situações:

A) 2 são médicos e 2 são professores;
B) pelo menos 2 são médicos;
C) um determinado médico e um determinado professor nunca poderão figurar em uma mesma comissão.

Solução:
Primeiramente, temos 9 profissionais para escolhermos 4, isto é 9.8.7.6. Esse resultado deve ser dividido por 4.3.2.1, pois a ordem desses profissionais não altera a comissão formada. Logo, 126 comissões. Agora vamos verificar como ficará cada item:

A) Vamos considerar que o problema é composto de duas etapas: a primeira é a escolha de dois médicos e a segunda, a escolha de dois professores. Para a primeira etapa temos:

1 . escolha do primeiro médico: 4 opções;
2 . escolha do segundo médico: 3 opções.

16 | Curso de Análise Combinatória e Probabilidade

Total de possibilidades: $\dfrac{4 \cdot 3}{2}$ = 6 (dividimos por 2 pelo fato de a ordem de escolha dos dois médicos não alterar o agrupamento formado)

Na segunda etapa, vamos escolher dois professores, em um grupo de 5. Logo teremos:

1 . Escolha do primeiro professor: 5 opções;

2 . Escolha do segundo professor: 4 opções.

Total de possibilidades: $\dfrac{5 \cdot 4}{2}$ = 10

Logo, pelo princípio multiplicativo, teremos: 6 . 10 = 60 comissões.

B) Comissões com, pelo menos, 2 médicos, admitem aquelas que possuem 2, 3 ou 4 médicos. Vamos resolver o problema considerando as três possibilidades, como se fossem problemas distintos e, no final, somaremos os resultados obtidos.

Com apenas 2 médicos, já foi resolvido no item anterior e o resultado é 60;

Com apenas 3 médicos e 1 professor, teremos: $\dfrac{4 \cdot 3 \cdot 2}{3 \cdot 2 \cdot 1} \cdot 5 = 4 \cdot 5 = 20$

(Lembre-se que 3 . 2 . 1 é o total de ordenações com 3 elementos)

Se todos forem médicos, não há opção para professores: $\dfrac{4 \cdot 3 \cdot 2 \cdot 1}{4 \cdot 3 \cdot 2 \cdot 1} = 1$

Total de comissões: 60 + 20 + 1 = 81

C) Podemos resolver o problema de duas formas.

1ª - Calculando todas as comissões possíveis, sem levar em conta os profissionais envolvidos em cada uma delas temos: $\dfrac{9 \cdot 8 \cdot 7 \cdot 6}{4 \cdot 3 \cdot 2 \cdot 1} = 126$. Agora, vamos retirar aquelas em que os dois profissionais estão presentes. Suponha que esses profissionais sejam A e B. Daí, sobram 7 profissionais para ocuparem as duas vagas restantes: $\dfrac{7 \cdot 6}{2 \cdot 1} = 21$

Total de possibilidades: 126 – 21 = 105

2ª - Vamos calcular as comissões em que apenas A está presente, depois as que apenas B está presente e finalmente aquelas em que nem A nem B estão

Análise Combinatória | 17

presentes:

Apenas A está presente: como B não pode estar nessa comissão, restam 7 elementos para as 3 vagas restantes: $\dfrac{7.6.5}{3.2.1} = 35$

Apenas B está presente: como A não pode estar presente, temos o mesmo resultado anterior: 35

Se nem A nem B estão presentes, temos 7 profissionais para as 4 vagas:

$$\frac{7.6.5.4}{4.3.2.1} = 35.$$

Total de possibilidades: 35 + 35 + 35 = 105

Respostas:
18) 20
19) 22.100
20) 126; A) 60; B) 81; C) 105

Exercícios

1) Utilizando os algarismos 0, 1, 2, 3, 4, 5 e 6, quantos números:

A) de quatro algarismos podem ser formados;

B) divisíveis por 5 podem ser formados, contendo 3 algarismos distintos?

Solução:

A) A presença do algarismo 0 no conjunto dado deve ser analisada com cuidado. Considerando que os números devem ter 4 algarismos, e que não poderão ter o 0 como algarismo inicial, teremos um problema com 4 etapas, sendo a primeira com apenas 6 opções (1, 2, 3, 4,5 ou 6). Como não foi colocada nenhuma restrição quanto à possibilidade de repetição dos algarismos em um mesmo número, podemos ter soluções do tipo: 1223, 4000, 5533, 4326, etc. Assim, o número de possibilidades será: 6 . 7 . 7 . 7 = 2 058

B) Agora há duas condições: o s número devem ser divisíveis por 5 e ter

18 | Curso de Análise Combinatória e Probabilidade

3 algarismos distintos. Quanto a ser divisível por 5, novamente precisamos ter cuidado, pois não basta considerar que o último algarismo deveria ser 0 ou 5, o que é correto, em parte. O cuidado se deve quando o último algarismo for 5, pois devemos excluir a possibilidade de o primeiro ser o zero. Assim, o problema pode ser resolvido de duas maneiras:

1) Começando pelo algarismo das unidades, temos 2 opções. Escolhido esse algarismos, restarão 6 para ocuparem as outras duas posições (dezena e centena) e como não podem haver algarismos repetidos, a solução seria: $6 . 5 . 2 = 60$; ocorre que nesse caso, há números que terminados em 5 poderão apresentar o 0 com algarismo das centenas. Esses números, terminado em 5 e iniciados por 0 são: $1 . 5 . 1 = 5$. Daí o total será de $60 - 5 = 55$

2) Uma segunda forma de resolver esse problema seria construir a solução em separado, isto é, primeiro determinando todos os que terminam por zero e depois aqueles que terminam por 5. Assim teríamos:

$6 . 5 . 1 = 30$ (1 representa a possibilidade de terminar por 0; escolhido o 0, sobram 6 e depois 5 algarismos para compor o número);

$5 . 5 . 1 = 25$ (1 representa a possibilidade de terminar por 5; escolhido o 5, na primeira posição não pode aparecer o 0, logo teremos apenas 5 opções; na dezena o zero pode aparecer, o que nos dá 5 opções)

2) (FATEC – SP) Uma empresa distribui para cada candidato a emprego um questionário com três perguntas. Na primeira, o candidato deve declarar sua escolaridade escolhendo uma das cinco alternativas. Na segunda, deve escolher, com ordem de preferência, três dos seis locais onde gostaria de trabalhar. Na última, deve escolher os dois dias da semana em que quer folgar. Quantos questionários com conjuntos diferentes de respostas pode o examinador encontrar?

A) 367
B) 810
C) 8.400
D) 10.000
E) 12.600

3) Num hospital há três vagas para trabalhar no berçário, 5 no banco de sangue e 2 na radioterapia. Se 6 funcionários se candidatam para o berçário, 8 para o banco de sangue e 5 para a radioterapia, de quantas formas distintas essas vagas podem ser preenchidas?

4) Usando os algarismos 1, 3, 5, 6 e 9, existem x números de 4 algarismos, de modo que, pelo menos, 2 algarismos sejam iguais. Calcule o valor de x.

Solução:
Se devemos formar números com pelo menos 2 algarismos iguais, podemos calcular todos os números que podem ser formados e excluir desse total aqueles que não atendem a condição estabelecida, isto é, os que têm todos os algarismos distintos. Assim, teremos:
Todos os números que podem ser formados, com repetição: $5 \cdot 5 \cdot 5 \cdot 5 = 625$
Todos os números que podem ser formados com algarismos distintos: $5 \cdot 4 \cdot 3 \cdot 2 = 120$
Total de possibilidades: $625 - 120 = 505$

5) (MACK) Em um teste de múltipla escolha, com 5 alternativas distintas, sendo apenas uma correta, o número de modos distintos de ordenar as alternativas de maneira que a única correta não seja nem a primeira nem a última é:

A) 36   D) 72
B) 48   E) 120
C) 60

6) A quantidade de números inteiros compreendidos entre 1.000 e 4.500 que podemos formar utilizando somente os algarismos 1, 3, 4, 5 e 7, de modo que não figurem algarismos repetidos é:

A) 48   C) 60
B) 54   D) 72

7) (ITA) Se colocarmos em ordem crescente todos os números de 5 algarismos distintos obtidos com 1, 3, 4, 6 e 7, a posição do número 61.473 será a:

A) 76ª   C) 80ª
B) 78ª   D) 82ª

20 | Curso de Análise Combinatória e Probabilidade

8) Uma empresa classifica seus empregados de acordo com:

- estado civil: casado(a), solteiro(a), viúvo(a), desquitado(a)
- sexo: masculino, feminino
- cargo: executivo, gerência, supervisão
Quantos tipos de classificação diferentes podem existir?

9) Paulo tem 6 calças, 5 camisas e 3 paletós. De quantos modos ele pode escolher uma calça, uma camisa e um paletó?

10) (EAESP–FGV) Uma sala tem 10 portas. O número de maneiras diferentes que essa sala pode estar aberta é:
(Obs.: Considere que a sala estará aberta se pelo menos uma das portas estiver aberta)

A) 2^{10} D) 10
B) $2^{10} - 1$ E) 9
C) 500

11) Com os algarismos 3, 4, 5, 6 e 7:

A) Quantos números múltiplos de 5, de 4 algarismos distintos, podem ser formados?

B) Quantos números menores que 650, com algarismos distintos, podem ser formados?

C) Quantos números pares de 3 algarismos podem ser formados?

12) De quantas maneiras podemos distribuir 4 prêmios de valores diferentes a 6 pessoas, de modo que cada uma receba no máximo um prêmio?

13) (UFCE) Deseja-se dispor em fila cinco crianças: Marcelo, Rogério, Reginaldo, Danielle e Márcio. Calcule o número das distintas maneiras que elas podem ser dispostas, de modo que Rogério e Reginaldo fiquem sempre vizinhos.

Análise Combinatória | 21

14) (ESPM) Uma agência de propaganda deve criar o nome de um produto novo a partir de 4 sílabas significativas, já definidas. Qualquer uma dessas 4 sílabas, sozinha ou combinada com uma ou mais das outras três, poderá formar um nome atraente. O número de nomes diferentes possíveis de serem montados, sem repetição de sílabas será:

A) 14
B) 24
C) 48
D) 64
E) 128

15) Um estudante ganhou em uma competição 4 diferentes livros de Matemática, 3 diferentes de Física e 2 de Química. Querendo manter juntos os livros de mesma disciplina, calculou que poderá enfileirá-los numa prateleira de estante, de X modos diversos. Calcule o valor de X.

16) Quantos anagramas podem ser formados com a palavra VESTIBULAR, em que as letras V, E e S:

A) apareçam juntas;
B) apareçam juntas no início de cada anagrama.
C) apareçam juntas, nesta ordem.

17) Quantos anagramas podemos formas com as letras da palavra FLAMENGO, em que as letras F, L e A aparecem sempre juntas?

18) (PUC – SP) Calcule o número de maneiras que um professor pode escolher um ou mais estudantes de um grupo de 6 estudantes.

19) Uma empresa tem 5 diretores e 10 gerentes. Quantas comissões distintas podem ser formadas, constituídas de 1 diretor e quatro gerentes?

A) 210
B) 126.000
C) 23.200
D) 1.050
E) 150.000

22 | Curso de Análise Combinatória e Probabilidade

20) (UNESP) Sobre uma reta marcam-se 3 pontos e sobre uma outra reta, paralela à primeira, marcam-se 5 pontos. O número de triângulos que podem ser formados unindo 3 quaisquer desses 8 pontos é:

A) 26   D) 45
B) 90   E) 42
C) 25

Solução:

Vamos apresentar duas soluções distintas para esse problema.

1 . Primeiramente, podemos considerar os triângulos formados da seguinte forma: aqueles que têm o vértice (1 ponto) em uma das retas e os outros vértices (2 pontos) na outra. Como a ordem de escolha desses pontos não é importante para determinar cada triângulo, teremos a seguinte solução:

a) Dois vértices na reta com 3 pontos e um vértice na que possui 5 pontos:

$$\frac{3 \cdot 2}{2 \cdot 1} \cdot 5 = 15$$

b) Dois vértices na reta com 5 pontos e um vértice na que possui 3 pontos:

$$\frac{5 \cdot 4}{2 \cdot 1} \cdot 3 = 30$$

Total : $15 + 30 = 45$

2 . Agora vamos considerar o seguinte raciocínio: utilizando os 8 pontos dados, sabemos que, para a formação de um triângulo, devemos escolher 3 desses pontos, em qualquer ordem. Assim teríamos: $\dfrac{8 \cdot 7 \cdot 6}{3 \cdot 2 \cdot 1} = 56$.

Observemos, contudo, que nessa solução, como todos os pontos foram considerados ao mesmo tempo, algumas escolhas, dentre as 56, foram obtidas em pontos de uma mesma reta, e obviamente, não formam triângulos. Assim, dessas 56 possibilidades devemos retirar:

A) 3 pontos escolhidos sobre a reta que possui 3 pontos: $\dfrac{3 \cdot 2 \cdot 1}{3 \cdot 2 \cdot 1} = 1$ possibilidade

B) 3 pontos escolhidos sobre a reta que possui 5 pontos: $\dfrac{5 \cdot 4 \cdot 3}{3 \cdot 2 \cdot 1} = 10$

Total: $56 - 1 - 10 = 45$

Análise Combinatória | 23

21) Numa sala estão 5 médicos, 4 enfermeiras e 6 professores. Quantas comissões de 4 elementos podem ser formadas com:

A) 2 médicos, uma enfermeira e um professor;
B) pelo menos 2 médicos.

22) (AMAN) Uma família composta de 5 pessoas possui um automóvel de 5 lugares. De quantos modos poderão se acomodar no automóvel para uma viagem, sabendo-se que apenas o pai e a mãe sabem dirigir?

A) 24   C) 240
B) 48   D) 480

23) (UFF) Uma moça vai desfilar vestindo saia, blusa, bolsa e chapéu. O organizador do desfile afirma que 3 modelos de saia, 3 de blusa, 5 tipos de bolsa e certo número de chapéus permitem mais de duzentas possibilidades de diferentes escolhas deste traje. Assinale a alternativa que apresenta o número mínimo de chapéus que torna verdadeira a afirmação do organizador:

A) 189   D) 5
B) 30   E) 4
C) 11

24) (UFF) Assinale a alternativa que apresenta o número de seqüência de cores que podem ser formadas pelos 5 sinais de trânsito de uma certa avenida, dado que cada sinal só apresenta uma cor por vez: verde, amarelo ou vermelho.

A) 729   C) 125
B) 243   D) 15

25) (PUC – RJ) Um tabuleiro de xadrez tem oito linhas e oito colunas formando um total de 64 casas. De quantos modos diferentes podemos colocar 8 peões pelas casas, de tal modo que cada linha e cada coluna possua um e só um peão?

24 | Curso de Análise Combinatória e Probabilidade

26) (CONC. PROF. – RJ) Para fabricar placas de automóveis, constituídas de duas letras iniciais seguidas de quatro algarismos, um determinado município está autorizado a utilizar somente as letras A, B, C, D e E e os algarismos 0, 1 e 2. Nessas condições, o número máximo de automóveis que o município poderá emplacar é:

A) 120   D) 2048
B) 1620   E) 2592
C) 2025

27) (UNICAMP) Sabendo que números de telefones não começam com 0 nem com 1, calcule quantos diferentes números de telefones podem ser formados com 7 algarismos.

28) (EsPCEx) Para pintar um conjunto de 5 casas, dispõem-se dos seguintes dados:

- contam-se com 3 cores diferentes
- cada casa é pintada com apenas uma cor
- as casas estão em seqüência do mesmo lado da rua
- deseja-se que duas casas vizinhas não sejam pintadas com a mesma cor

Calcule de quantos modos as casas podem ser pintadas.

29) (EsPCEx) Dados os conjuntos E = {1, 2, 3, 4} e F = {a, b, c, d, e, f}, calcule o número de funções INJETORAS que podem ser definidas de E em F:

A) 16   C) 360
B) 24   D) 720

Solução:

Uma função é injetora quando dois elementos distintos de E possuem, necessariamente, imagens distintas em F. Isso quer dizer que devemos escolher em F (conjunto com 6 elementos) uma única imagem para cada elemento de E (4 opções).

Logo, a solução será:

Escolha da imagem do elemento 1: 6 opções;

Análise Combinatória | 25

Escolha da imagem do elemento 2: 5 opções (a imagem de 1 não pode ser escolhida novamente);
Escolha da imagem do elemento 3: 4 opções
Escolha da imagem do elemento 4: 3 opções
Total: 6 . 5 . 4 . 3 = 360.

Comentário: Se fosse pedido apenas para calcular o número de funções de E em F, teríamos 6^4 , visto que numa função (que não é injetora) elementos distintos de E podem ter uma mesma imagem em F.

30) (FUVEST) Em um programa transmitido diariamente, uma emissora de rádio toca sempre as mesmas 10 músicas, mas nunca na mesma ordem. Para esgotar todas as possíveis seqüências dessas músicas serão necessários aproximadamente:

A) 100 dias   D) 10 séculos
B) 10 anos   E) 100 séculos
C) 1 século

31) (CONC. PROF. – RJ) Se n é o número de subconjuntos distintos, não-vazios, do conjunto formado pelos cinco algarismos ímpares, então n vale:

A) 24   D) 32
B) 28   E) 45
C) 31

32) (AFA) Cinco rapazes e 5 moças devem posar para uma fotografia, ocupando cinco degraus de uma escadaria, com um casal em cada degrau. De quantas maneiras diferentes podemos arrumar esse grupo?

A) 1280   C) 332000
B) 70400   D) 460800

33) De quantas maneiras pode-se organizar a tabela da 1ª rodada de um campeonato de futebol com 8 clubes?

26 | Curso de Análise Combinatória e Probabilidade

34) Quantos divisores inteiros tem o número 72?

Solução:
Essa é uma importante questão que você, provavelmente aprendeu, no Ensino Fundamental, através de uma fórmula "decorada" saída sabe-se lá de onde. Vejamos o que ocorre nesse caso:

Primeiramente vamos decompor o número 72 em fatores primos naturais, obtendo $72 = 2^3 \cdot 3^2$

Logo, todo divisor de 72 será um número da forma $2^x \cdot 3^y$, sendo que x e y devem ser números naturais, com as seguintes condições: x = 0 ou x = 1 ou x = 2 ou x = 3 (concorda?); y = 0 ou y = 1 ou y = 2. Portanto temos 4 possibilidades para o expoente x e 3 possibilidades para o expoente y e, aplicando o princípio multiplicativo, teremos: 4 x 3 = 12 divisores naturais para o número 72. Logo o número dado possui 24 divisores inteiros.

O que você encontra em alguns livros didáticos ou apostilas de cursinhos preparatórios? Encontra uma regrinha do tipo: "Para obtermos a quantidade de divisores de um número natural qualquer, devemos fazer a sua decomposição em fatores primos, somar uma unidade a cada expoente obtido e depois multiplicar os resultados obtidos". Pelo que vimos no exemplo, essa regra nada mais é que conseqüência do princípio multiplicativo.

35) Quantas coleções não vazias podemos formar com 5 exemplares iguais da revista R, 4 exemplares iguais da revista S e 3 exemplares iguais da revista T?

Solução:
Uma coleção não vazia poderá conter 1, 2, 3 ... , até 12 revistas. A análise aqui deve ser feita em função do número de revistas de cada tipo, presentes em cada coleção. Para a escolha da revista R temos 6 opções (lembre-se que não escolher a revista R é uma opção, porque o problema não condicionou que pelo menos uma das revistas sempre estivesse nas coleções formadas); da mesma forma, para a revista S teremos 5 opções e para a revista T, 4 opções.

Assim, o total seria 6 . 5 . 4 = 120. Ocorre que nessas opções há uma em que nenhuma das revistas foi escolhida, o que torna a coleção vazia. Daí termos 119 coleções não vazias.

36) Numa classe há 10 moças e 8 rapazes. Quantas comissões com 5 elementos podemos formar, de modo que em cada comissão haja pelo menos um rapaz e as moças sejam a maioria?

Análise Combinatória | 27

37) Com dez jogadores de futebol de salão, dos quais dois só podem jogar no gol e os demais só podem jogar na linha, determine de quantas maneiras podemos formar um time com um goleiro e quatro jogadores na linha.

38) (UFRu – RJ) Em uma Universidade, no Departamento de Veterinária, existem 7 professores com especialização em Parasitologia e 4 em Microbiologia. Em um congresso, para a exposição dos seus trabalhos, serão formadas equipes de 6 professores da seguinte forma: 4 professores com especialização em Parasitologia e 2 com especialização em Microbiologia.
Quantas equipes diferentes poderão ser formadas?

39) Um fiscal do Ministério do Trabalho faz uma visita mensal a cada uma das cinco empresas de construção civil existentes no município. Para evitar que os donos dessas empresas saibam quando o fiscal as inspecionará, ele varia a ordem de suas visitas. De quantas formas diferentes esse fiscal pode organizar o calendário de visita mensal a essas empresas?

A) 180   D) 48
B) 120   E) 24
C) 100

40) De quantos modos pode se vestir um homem que tem 3 pares de sapatos, 3 paletós e 4 calças diferentes?

A) 20   D) 52
B) 36   E) 24
C) 42

41) Quantos são os números inteiros positivos de 5 algarismos que NÃO têm algarismos adjacentes iguais?

A) 5^9 D) 8^5
B) 9×8^4 E) 9^5
C) 8×9^4

42) Calcule o número de retas determinadas por 100 pontos, diferentes um do outro, situados sobre uma circunferência.

28 | Curso de Análise Combinatória e Probabilidade

43) Em uma primeira fase de um campeonato de xadrez cada jogador joga uma vez contra todos os demais. Nessa fase foram realizados 78 jogos. Quantos eram os jogadores?

A) 10   D) 13
B) 11   E) 14
C) 12

44) Utilizando os algarismos 0, 1, 2, 3, 4 e 5, quantos números de 4 algarismos podem ser formados? Desses, quantos são pares?

45) (UNESA) Em Matemática, um número natural é chamado palíndromo se seus algarismos, escritos em ordem inversa, produzem o mesmo número. Por exemplo, 8, 22 e 373 são palíndromos.
Determine a quantidade de números naturais palíndromos compreendidos entre 0 e 10.000.

46) Quantos números naturais de 6 algarismos distintos podem ser formados com 1, 2, 3, 4, 5 e 7 de modo que os algarismos pares nunca fiquem juntos?

47) Um sistema de códigos é formado por seqüência compostas pelos símbolos ∇ e $\oplus$. Cada seqüência contém n símbolos iguais a ∇ e dois símbolos iguais a $\oplus$.
Qual é o mínimo valor de n de modo que cada uma das vinte e seis letras do alfabeto e cada um dos dez algarismos do nosso sistema decimal sejam representados?

48) Em uma classe de doze alunos, um grupo de cinco será selecionado para uma viagem. De quantas maneiras distintas esse grupo poderá ser formado, sabendo que, entre os doze alunos, dois são irmãos e só poderão viajar se estiverem juntos?

A) 30.240   D) 408
B) 594   E) 372
C) 462

Respostas:

1) A) 2.058; B) 55
2) E
3) 11.200
4) 505
5) D
6) C
7) A
8) 24
9) 90
10) B
11) A) 24; B) 67; C) 50
12) 360
13) 48
14) D
15) 1.728
16) A) 40.320; B) 5,040; C) 6.720
17) 4.320
18) 63
19) D
20) D
21) A) 240; B) 555
22) B
23) D
24) B
25) $(8.7.6.5.4.3.2.1)^2$
26) C
27) 8 Milhões
28) 48
29) C
30) E
31) C
32) D
33) 105
34) 24
35) 119
36) 5.040
37) 140
38) 210
39) B
40) B
41) E
42) 4.950
43) D
44) 1.080; 540
45) 198
46) 480
47) 7
48) E

30 | Curso de Análise Combinatória e Probabilidade

3. Fatorial de um Número Natural

Definição:

Dado um número natural $n \geq 2$, chama-se fatorial de n, ao número indicado por n! tal que

$$n! = n \cdot (n-1) \cdot (n-2) \ldots 3 \cdot 2 \cdot 1$$

ou seja, é o produto de todos os números naturais, de n até 1.

Exemplos:

A) $6! = 6 \cdot 5 \cdot 4 \cdot 3 \cdot 2 \cdot 1 = 720$

B) $3! \cdot 4! = (3 \cdot 2 \cdot 1) \cdot (4 \cdot 3 \cdot 2 \cdot 1) = 6 \cdot 24 = 144$

C) $(3!)^2 = (3 \cdot 2 \cdot 1)^2 = 36$

D) $(3!)! = (3 \cdot 2 \cdot 1)! = 6! = 720$

Observações:

1) $0! = 1$ e $1! = 1$

2) Para interromper o desenvolvimento do fatorial de um número, deve-se colocar o símbolo de fatorial após o último algarismo que for escrito:

$$n! = n \cdot (n-1) \cdot (n-2)! = n \cdot (n-1) \cdot (n-2) \cdot (n-3)!$$

Exemplos:

A) $8! = 8 \cdot 7 \cdot 6 \cdot 5! = 8 \cdot 7 \cdot 6 \cdot 5 \cdot 4 \cdot 3!$

B) $(n-2)! = (n-2) \cdot (n-3) \cdot (n-4)!$

Análise Combinatória | 31

> **Observação:**
> Também podemos definir $n! = n.(n-1)!$
>
> Com isso, podemos "justificar" que $0! = 1$, observe:
> $2! = 2.(2-1)! \rightarrow 2.1 = 2.1! \rightarrow 2 = 2.1! \rightarrow 1! = 1$
>
> Agora, temos:
> $1! = 1.(1-1)! \rightarrow 1 = 1.0! \rightarrow 1 = 0!$

Exercícios

1) Calcule:

A) $5!$

B) $6! + 4!$

C) $(3!)^2 - (3^2)!$

D) $\dfrac{10!}{7!}$

E) $\dfrac{100!}{98!}$

2) Calcule a soma das raízes da equação $(5x - 7)! = 1$

Solução:
Das observações acima, temos que $0! = 1$ e $1! = 1$. Logo, a equação dada pode ter duas soluções:
$5x - 7 = 0 \rightarrow x = 7/5$ ou
$5x - 7 = 1 \rightarrow x = 8/5$
Daí, a soma das raízes da equação é igual a 3.

3) Resolva a equação $(2x - 3)! = 120$

4) Calcule o valor de $\dfrac{2.(3!)}{(2.3)!}$

32 | Curso de Análise Combinatória e Probabilidade

5) Simplifique as expressões:

A) $\dfrac{n!}{(n-1)!}$

C) $\dfrac{(n+2)! + (n+1).(n-1)!}{(n+1).(n-1)!}$

B) $\dfrac{n! - (n+1)!}{n!}$

D) $\dfrac{(n+4)! - (n+2)!}{(n+3)!}$

Solução do item (C)

Desenvolvendo os fatoriais dados até o menor deles teremos:

$$\dfrac{(n+2).(n+1).n.(n-1)! + (n+1).(n-1)!}{(n+1).(n-1)!} =$$

Colocando $(n+1).(n-1)!$ em evidência, temos:

$$\dfrac{(n+1).(n-1)! [(n+2).n + 1]}{(n+1).(n-1)!} =$$

Simplificando a expressão acima obtemos:

$$(n+2).n + 1 = n^2 + 2n + 1 = (n+1)^2$$

6) Calcule n nas expressões abaixo:

A) $\dfrac{n! + (n-1)!}{(n+1)! - n!} = \dfrac{6}{25}$

B) $\dfrac{n! + (n-1)!}{(n+1)!} = \dfrac{1}{6}$

C) $\dfrac{1+2+3+4+...+n}{(n+1)!} = \dfrac{1}{240}$

7) Exprimir mediante fatorial o produto
$P = 2^3 . 4^3 . 6^3 . 8^3 . ... . (2n)^3$.

Análise Combinatória | 33

Solução:

Observemos inicialmente que a expressão dada também pode ser escrita da seguinte forma:

$P = (2 . 4 . 6 . 8 . .... 2n)^3$ que é o produto dos n primeiros números pares positivos. Essa expressão também pode ser decomposta assim:

$$(2 . 1 . 2 . 2 . 2 . 3 . 2 . 4 . ... . 2 . n)^3$$

Agora, utilizando a propriedade associativa da multiplicação, escrevemos:

$$(2 . 2 . 2 . 2 . ... . 2)^3 . (1 . 2 . 3 . 4 . ... . n)^3 =$$
$$(2^n)^3 . (n !)^3 = 2^{3n} . (n !)^3$$

8) Exprimir utilizando fatorial o produto dos 30 primeiros números ímpares.

9) Escrever, usando fatorial, o produto dos números pares compreendidos entre 11 e 21.

10) Sendo $n \geq 2$, qual dos números $(n!)^2$ e $(n^2)!$ É o maior?

11) Por quantos zeros termina o resultado de 1.000! ?

Respostas:
1) a) 120; b) 744; c) – 362.844; d) 720; e) 9900
2) 3
3) 4
4) 1/60

5) A) n; B) – n; C) $(n+1)^2$; D) $\dfrac{n^2 + 7n + 11}{n + 3}$

6) A) 5; B) 6; C) 6

7) $2^{3n} . (n!)^3$

8) $\dfrac{60!}{2^{30} . 30!}$

34 | Curso de Análise Combinatória e Probabilidade

9) $\dfrac{2^5.10!}{5!}$

10) $(n^2)!$ 11) 249

4. Tipos de Agrupamentos

Até aqui estudamos vários problemas de contagem e formação de agrupamentos, com características diferentes, e todos foram resolvidos utilizando-se o princípio multiplicativo.

Nesta seção, vamos apresentar muitos outros problemas, agora reunidos conforme as suas características.

É muito comum separarmos os problemas de contagem em dois tipos de agrupamentos: aqueles que se alteram quando mudamos a ordem dos seus elementos e os que não sofrem alteração quando essa ordem é mudada.

Como exemplos clássicos podemos citar os seguintes problemas:

1) Utilizando os elementos do conjunto A = {1, 2, 3, 4} quantos pares ordenados podemos formar?

Nesse caso, é evidente que a ordem dos elementos de cada agrupamento é importante. Sabemos que o par ordenado (4, 3) é diferente do par (3, 4). Logo esses dois agrupamentos diferem pela ordem dos seus elementos.

2) Utilizando os elementos do conjunto A = {1, 2, 3, 4} quantos subconjuntos com dois elementos podemos formar?

Nessa situação é fácil observar que a ordem dos elementos não vai alterar cada solução obtida. Sabemos que o conjunto {3, 4} é igual ao conjunto {4, 3}. Logo esses agrupamentos não diferem pela ordem dos seus elementos. Vale ressaltar que, nesse tipo de problema os agrupamentos só diferem quando for introduzido um novo elemento, isto é, o conjunto {3, 4} é diferente do conjunto {3, 5}. Vamos dizer que esses agrupamentos não diferem pela ordem, mas pela natureza dos seus elementos.

Então, para resolvermos os problemas de análise combinatória, uma pergunta que se faz logo de início é se a ordem dos elementos altera ou não cada agrupamento que soluciona o problema proposto. Daí, podemos classificá-lo de acordo com as características que definiremos a seguir:

4.1 Arranjos Simples

Dado um conjunto de n elementos, e sendo p um número inteiro e positivo tal que $p \leq n$, chama-se arranjo simples dos n elementos dados, agrupados p a p, a qualquer seqüência de p elementos distintos formada com elementos do conjunto. O número de arranjos é dado por:

$$A_{n,p} = A_n^p = \frac{n!}{(n-p)!}$$

Observação: mudança de ordem dos p elementos altera o agrupamento. Em arranjo interessa a seqüência dos elementos.

Exercícios

1) Com as letras A,B,C,D,E,F e G quantos anagramas de quatro letras distintas podem ser formados? Desses, quantos terminam por vogal?

2) Calcule o valor de $A_{6,2} + A_{6,4} - 2 \cdot A_{4,2}$

3) Com os algarismos 1, 2, 3 e 4 e sem repeti-los, quantos são os números maiores que 2000?

4) Quantas comissões podem ser formadas com presidente, vice-presidente e tesoureiro, entre os 15 conselheiros de um clube?

5) Com os dígitos 1, 2, 3, 4, 5, 6, 7, 8 e 9, quantos números, com algarismos distintos, existem entre 700 e 1000?

36 | Curso de Análise Combinatória e Probabilidade

6) A quantidade de números pares de 4 algarismos, sem repetição, que podemos formar com os dígitos 2, 3, 4, 5, 6, 7, e 8 é igual a:

A) 480
B) 240
C) 960
D) 120
E) 2800

7) Usando-se os algarismos 2, 3, 4, 5 e 6, existem x números de 4 algarismos, de modo que pelo menos 2 algarismos sejam iguais. O valor de x é:

A) 125
B) 380
C) 620
D) 400
E) 505

8) A quantidade de números de três algarismos que têm pelo menos dois algarismos repetidos é x. O valor de x é:

A) 762
B) 252
C) 648
D) 810
E) 452

Respostas:
1) 840; 240
2) 366
3) 18
4) 15.14.13
5) 168
6) A
7) E
8) B

Análise Combinatória | 37

4.2 Permutação Simples

Dado um conjunto qualquer com n elementos, chama-se permutação simples dos n elementos dados a qualquer arranjo simples dos n elementos dados, agrupados n a n, ou seja,

$$P_n = A_n^n = n!$$

Observação:

Podemos dizer que a permutação é um caso particular do arranjo, quando todos os elementos são utilizados na formação dos agrupamentos.

Exercícios

1) De quantas maneiras 5 pessoas podem viajar em um automóvel com 5 lugares, se apenas uma delas sabe dirigir?

2) De quantas maneiras podemos arrumar 5 livros de Matemática e 3 de Física em uma estante? Se desejarmos que os livros de mesma disciplina fiquem juntos, de quantas maneiras eles poderão ser arrumados?

3) Quantos anagramas podem ser formados com as letras da palavra ESTACIO? Desses anagramas:

   A) Quantos começam por uma vogal?
   B) Quantos apresentam as vogais juntas?
   C) Quantos apresentam as vogais juntas em ordem alfabética?
   D) Quantos começam e terminam por uma consoante?
   E) Quantos apresentam a sílaba TA?

4) Dada a palavra CONTAGEM, pede-se:

   A) quantos anagramas começam por vogal;
   B) quantos anagramas apresentam todas as vogais juntas no início da palavra;

38 | Curso de Análise Combinatória e Probabilidade

C) quantos anagramas apresentam a sílaba COM;
D) quantos anagramas apresentas as vogais em ordem alfabética

5) (UNESA) Com base na composição em quadrinhos, extraída do Jornal "O Globo", responda abaixo:

URBANO, o aposentado   **A. Silvério**

Suponha que, com a chegada do aposentado, a fila fique composta de exatamente 5 pessoas.
Admitindo que sejam feitas todas as ordenações possíveis com essas pessoas, em quantas dessas ordenações o aposentado ocupará a posição central?

A) 120   D) 24
B) 60   E) 12
C) 48

Respostas:
1) 24
2) 8!
3) A) 4.6!; B) 4!.4!; C) 4!; D) 6.5!; E) 6!
4) A) 3.7!; B) 5!.3!; C) 6!; D) 8! / 3!
5) D

4.3 Permutação com Elementos Repetidos

Se na permutação de n elementos existirem elementos que apareçam α vezes, β vezes, etc. então o total de permutações será:

$$P_n^{\alpha,\beta,\ldots} = \frac{n!}{\alpha!\beta!\ldots}$$

Análise Combinatória | 39

Exercícios

1) Quantos são os anagramas da palavra CARACOL?

2) Quantos anagramas da palavra AMARGURA:

   A) começam com a letra A?
   B) começam com a letra U?
   C) começam com uma consoante?

3) Quantos são os anagramas da palavra BANANEIRA que começam com vogal?

4) Considere um sistema cartesiano ortogonal, cujos pontos possuem coordenadas inteiras. Suponha que uma partícula esteja na origem, ponto O(0, 0), e só pode movimentar-se uma unidade de cada vez, para a direita ou para cima. Determine o número de caminhos distintos que essa partícula pode percorrer para chegar ao ponto P(7, 4)? Quantos caminhos a partícula poderá percorrer para chegar ao mesmo ponto P(7, 4), passando obrigatoriamente pelo ponto Q(5, 2)?

Respostas:
1) 7! / 2!.2!
2) A) 7! / 2!.2! ; B) 7! / 3! . 2! ; C) 2.(7! / 3!.2!) + 7! / 3!
3) 2 . [8! / 3!.2!] + 8! / 2!.2!
4) 11! / 7!.4! ; (7!/5!.2!). (4!/2!.2!)

4.4 Combinação Simples

Dado um conjunto qualquer de n elementos e sendo p um número inteiro e positivo tal que $p \le n$, chama-se combinação simples dos n elementos dados, agrupados p a p, a qualquer subconjunto de p elementos distintos, formados com elementos do conjunto. O número de combinações simples é dado por:

$$C_{n,p} = C_n^p = \frac{n!}{p!(n-p)!} \quad ou \quad C_n^p = \frac{A_n^p}{p!}$$

40 | Curso de Análise Combinatória e Probabilidade

> Observação: A mudança de ordem dos p elementos não altera o agrupamento.

Aplicação: Qual o número de diagonais de um polígono convexo de n lados ?

Solução: Nesse caso, temos combinações simples, já que a diagonal AB, por exemplo, é a mesma da diagonal BA. Verifique também que teremos que fazer uma subtração, já que unindo dois a dois os vértices de um polígono convexo, poderemos ter diagonais ou lados desse polígono. Como queremos obter a quantidade de diagonais, vamos calcular o total de segmentos possíveis e subtrair a quantidade de lados. Logo, teremos:

Solução:

$$C_{n,2} - n = \frac{n!}{(n-2)!.2!} - n = \frac{n.(n-1).(n-2)!}{(n-2)!.2!} - n = \frac{n.(n-1)}{2} - n =$$

$$\frac{n^2 - n - 2n}{2} = \frac{n.(n-3)}{2} \text{ diagonais}$$

> **OBS**: Verifique que obtivemos exatamente a velha fórmula aprendida no 8º ano do ensino fundamental, para o cálculo da quantidade de diagonais de um polígono convexo.

Exercícios

1) Com um grupo de 6 violinistas e 5 ritmistas, quantos quartetos podem ser formados de modo que, em cada um, haja, pelo menos, 2 violinistas?

2) Com 6 pontos distintos sobre uma reta e um ponto fora dela, quantos triângulos podem ser formados?

3) Com 4 professores de Matemática, 3 de Português e 3 de Física, quantas comissões podem ser formadas:

A) compostas de 4 professores?

B) com 4 professores sendo que cada comissão deve conter, pelo menos, um professor de Português?

C) com 4 professores sendo que cada comissão deve conter, no máximo, dois professores de Português?

4) Com 28 cartas de um baralho, de quantas maneiras distintas podem ser retiradas 5 cartas?

5) Um time de futebol de salão deve ser escalado a partir de um conjunto de 10 jogadores, dos quais 3 atuam somente como goleiro. Quantos times de 5 jogadores podem ser formados?

A) 60   D) 105

B) 70   E) 112

C) 88

6) Numa reunião de jovens há 10 rapazes e 5 moças. O número de grupos de 5 jovens que podem ser formados, tendo cada grupo no máximo 1 rapaz, é:

A) 42   D) 84

B) 50   E) 102

C) 51

7) Numa classe há 10 rapazes e 6 moças. Quantas comissões de 4 rapazes e 2 moças podem ser formadas?

A) 40   D) 380

B) 480   E) 600

C) 3 150

8) Uma empresa tem 5 diretores e 10 gerentes. Quantas comissões distintas podem ser formadas, constituídas de 1 diretor e 4 gerentes?

A) 210   D) 1.050

B) 126.000   E) 150.000

C) 23.200

9) Uma urna contém 12 bolas, das quais 7 são pretas e 5 brancas, distintas apenas na cor. O número de modos que podemos tirar 6 bolas da urna, das quais 2 são brancas é:

A) 300 D) 340
B) 310 E) 350
C) 320

10) Com 5 pontos distintos sobre uma reta e outros 7 sobre uma paralela, quantos triângulos podem ser formados?

11) Com 7 pontos distintos sobre uma circunferência, quantos polígonos convexos podem ser formados?

12) (UNESA) Observe a composição em quadrinhos abaixo, extraída do jornal O GLOBO:

Suponha que Dona Marlene tenha utilizado 5 tipos diferentes de legumes em sua máscara de beleza. Para fazer a sopa ela irá usar apenas 3 tipos de legumes. Calcule o número de sopas diferentes que Dona Marlene poderá fazer.

Resposta:
1) 265
2) 15
3) A) 210; B) 175; C) 203
4) 28!/5!.23!
5) D
6) C
7) C

8) D
9) E
10) 175
11) 99
12) 10

4.5 Permutações Circulares

Os problemas de permutação circular consistem em determinar o número de modos que podem ser colocados n objetos distintos em n lugares equiespaçados em torno de um círculo, considerando-se equivalentes as disposições que coincidam por uma rotação.

Por exemplo, sabemos que é possível arrumar 3 objetos distintos de 6 maneiras diferentes (3 . 2 . 1). Porém, observando as figuras abaixo, notamos que esses 3 objetos podem ser arrumados de duas formas distintas em torno de uma mesa circular, visto que as outras 2 arrumações de cada linha coincidem com a primeira se fizermos uma rotação

Observe na primeira linha, fixando o número 1, a seqüência que se repete, no sentido anti-horário, é 1, 2, 3

Já na segunda linha, fixando o número 1 e girando também no sentido anti-horário, a seqüência é 1, 3, 2.

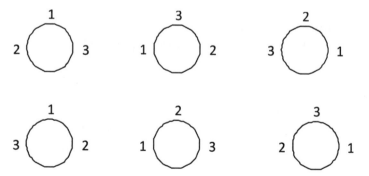

Logo a permutação circular de 3 elementos é $(PC)_3 = (3 - 1)! = 2$

44 | Curso de Análise Combinatória e Probabilidade

Se repetirmos o exemplo para n = 4, veremos que há apenas 6 arrumações possíveis.

A permutação circular de n elementos é dada por

$$(PC)_n = (n-1)!$$

Exercícios

1) De quantos modos 6 crianças podem brincar em torno de uma roda?

2) De quantos modos sete crianças podem brincar de roda, de modo que duas delas sempre fiquem juntas?

3) De quantos modos 5 meninos e 5 meninas podem brincar de roda, de modo que crianças do mesmo sexo não fiquem juntas?

4) De quantos modos oito pessoas podem sentar-se em torno de uma mesa circular, não ficando duas determinadas pessoas juntas?

Respostas:
1) 120
2) 240
3) 4! 5!
4) 7! – 2.6! ou 5.6!

4.6 Combinações Completas
(ou combinações com elementos repetidos)

Chama-se combinação de m elementos distintos, tomados p a p, a todo agrupamento de p elementos (distintos ou não) selecionados dos m elementos dados, sem levar em conta a ordem.

Assim, dados 4 elementos a, b, c e d , quantas combinações completas, de 3 elementos podem ser formadas?

Usando apenas um dos elementos	Repetindo-se apenas um dos elementos				Todos distintos
aaa	aab	bba	cca	dda	abc
bbb	aac	bbc	ccb	ddb	abd
ccc	aad	bbd	ccd	ddc	acd
ddd					bcd

O total dessas combinações é 20

Exemplificando, teremos:
De quantos modos podemos comprar 4 sorvetes em uma sorveteria que oferece 7 sabores distintos?
Como podem ser comprados sorvetes de sabores repetidos, e a ordem desses sorvetes não altera o agrupamento, isto é, teremos sempre o mesmo conjunto de sorvetes, trata-se de um problema de combinação, com a possibilidade de repetição de elementos.

Esse problema pode ser interpretado da seguinte maneira: chamando de A, B, C, D, E, F e G a quantidade de sorvetes que serão comprados de cada tipo, basta determinar o número de soluções não negativas da equação

$$A + B + C + D + E + F + G = 4.$$

Assim, podemos ter uma solução ordenada do tipo
(4, 0, 0, 0 ,0, 0, 0) que indica a compra de 4 sorvetes de sabor A e nenhum dos outros sabores; ou ainda uma solução do tipo (0, 0, 2, 1, 0, 0, 1), que indica a compra de 2 sorvetes de sabor C, um de sabor D e um de sabor G

Agora vamos determinar o número de soluções inteiras e não negativas dessa equação:

Temos 4 unidades a serem adquiridas, que representaremos por | (barra) , separadas por 6 símbolos + , que representaremos por um círculo ⊕

Curso de Análise Combinatória e Probabilidade

Assim a solução $(4, 0, 0, 0, 0, 0, 0)$ seria assim representada:

||||$\oplus \oplus \oplus \oplus \oplus \oplus$ (espaço vazio antes ou depois de $\oplus$, ou entre duas $\oplus$ consecutivas simboliza valor da variável igual a zero)

$4 \oplus 0 \quad \oplus 0 \oplus 0 \oplus 0 \oplus 0 \oplus 0$

Já a solução $(0, 0 ,2, 1, 0, 0, 1)$ seria

$\oplus \quad \oplus || \oplus | \quad \oplus \quad \oplus \quad \oplus |$

Isto é $\quad 0 \oplus 0 \oplus 2 \oplus 1 \oplus 0 \oplus 0 \oplus 1$

A seqüência

$\oplus | \quad \oplus \quad \oplus | \quad \oplus \quad | \oplus | \oplus$ representaria a solução $(0, 1, 0, 1, 1, 1, 0)$

É fácil observar que as soluções serão obtidas ordenando-se as 4 "barrinhas" e as 6 "bolinhas", o que consiste e fazer todas as permutações possíveis com esses 10 elementos, com repetição de 4 barras e 6 bolas, o que daria $P_{10}^{4,6} = \dfrac{10!}{4! \, 6!} = C_{10}^{4} = 210$.

Logo, para determinarmos o número de combinações completas de n elementos tomados p a p, utilizamos a fórmula:

$$(CR)_n^p = P_{p+n-1}^{p,n-1} = C_{n+p-1}^{p}$$

APLICAÇÃO

O SAPO E O PERNILONGO – VESTIBULAR PUC RGS

Um sapo e um pernilongo encontram-se respectivamente na origem e no ponto $(8, 2)$ de um sistema cartesiano ortogonal. Se o sapo só pudesse saltar nos sentidos positivos dos eixos cartesianos e cobrisse uma unidade de comprimento em cada salto, o número de trajetórias possíveis para o sapo alcançar o pernilongo seria igual a:

a) 35   b) 45   c) 70   d) 125   e) 256

Solução:

Considere a figura a seguir, onde está representada uma das trajetórias possíveis, onde S = sapo e P = pernilongo.

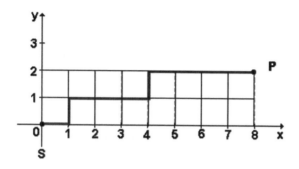

O enunciado diz que o sapo só pode se mover nos sentidos positivos dos eixos cartesianos, ou seja, para a direita ou para cima.

Convencionando que um deslocamento para a direita seja indicado por D e um deslocamento para cima seja indicado por C, o deslocamento indicado na figura seria representado por DCDDDCDDDD.

Outros deslocamentos possíveis seriam, por exemplo:
DDDDDDDDCC – DDCCDDDDDD – CDDDDDDDDC ...

Para entender isto, basta observar a figura dada.

Observe que para o sapo alcançar o pernilongo segundo as regras ditadas, teremos sempre 8 deslocamentos para a direita (D) e 2 para cima (C).

Logo, estamos diante de um caso de combinações completas ou de permutações com repetição de 10 elementos, com 8 repetições (D) e duas repetições (C).

Teremos então: $P_{10}^{8,2} = \dfrac{10!}{8!\,.\,2!} = 45$

Portanto, são 45 trajetórias possíveis, ou seja, alternativa B.

48 | Curso de Análise Combinatória e Probabilidade

Exercícios

1) Determine n sabendo que $2 \cdot (CR)_n^3 = 7 \cdot (CR)_n^3$.

2) Sendo $\dfrac{C_m^2}{C_m^3} = \dfrac{3}{5}$, calcule $(CR)_m^4$.

3) De quantos modos podemos comprar 3 refrigerantes em uma loja onde há 5 tipos de refrigerantes?

4) Quantas são as soluções inteiras e não negativas da inequação $x + y + z \leq 5$.

5) Quantas são as soluções inteiras da equação $x + y + z = 20$, nas quais nenhuma é menor que 2? Sugestão: chame $x = a + 2$, $y = b + 2$ e $z = c + 2$ e resolva a equação $a + b + c = 14$.

Respostas:
1) 5
2) 210
3) 35
4) 56
5) 120

4.7 Arranjos com Repetição

Seja C um conjunto com n elementos distintos e considere p elementos escolhidos neste conjunto em uma ordem determinada (repetidos ou não). Cada uma de tais escolhas é denominada um arranjo com repetição de n elementos tomados p a p.

Acontece que existem n possibilidades para a colocação de cada elemento, logo, de acordo com o princípio multiplicativo, o número total de arranjos com repetição de n elementos escolhidos p a p é dado por n^p (p fatores). Indicamos isso por:

$$(AR)_{n,\,p} = n^p$$

Exemplos:

A) Quantas são as siglas de três letras, escolhidas a partir das letras: A, B, C, D, E, F?

Análise Combinatória | 49

Solução:
Como dispomos de 6 letras, para escolher 3, teremos AR $_{6,\,3}$ = 6^3 = 216 siglas.

B) De quantas maneiras diferentes podemos responder a uma prova de múltipla-escolha, com 20 questões de 5 opções cada uma?

Solução:
Como temos 5 opções de escolha, para cada uma das 20 questões, teremos neste caso AR $_{5,\,20}$ = 5^{20}

C) Quantas são as formas distintas de preencher um volante da loteria esportiva, somente com palpites simples, sabendo-se que são 13 jogos e 3 opções de escolha para cada um?

Solução:
Agora temos 3 opções de escolha, para cada um dos 13 jogos, logo AR $_{3,\,13}$ = 3^{13}

D) A senha de acesso a um jogo de computador consiste em quatro caracteres alfabéticos ou numéricos, sendo o primeiro necessariamente alfabético. Qual o número de senhas possíveis?

Solução:
Como o primeiro caractere da senha é obrigatoriamente uma letra, teremos 26 opções de escolha. Para cada um dos três seguintes, teremos 36 opções de escolha (26 letras + 10 algarismos), Logo, a resposta é: 26 x AR $_{36,\,3}$ = 26 x 36^3.

E) Dispondo-se de três cores, de quantos modos diferentes poderemos pintar as 5 casas de uma rua, dispostas em fila, sendo que cada uma delas estará pintada com apenas uma cor?

Solução:
Nesse caso, como temos 5 casas e três opções de escolha da cor da tinta, teremos um resultado igual a AR$_{3,\,5}$ = 3^5 = 243 maneiras.

Mas é claro que você pode, e deve, resolver essas questões pelo princípio fundamental da contagem...muito mais simples e não precisa ficar decorando fórmulas desnecessárias.

50 | Curso de Análise Combinatória e Probabilidade

Exercícios

1) O valor da expressão $\dfrac{15!}{15\cdot 16!}$ é:

A) $\dfrac{1}{15}$

B) $\dfrac{1}{16}$

C) $\dfrac{15}{16}$

D) $\dfrac{1}{16!}$

E) $\dfrac{1}{15\cdot 16}$

2) A solução da equação $C_m^{m-2} + A_m^2 = m^2$ é:

A) $m = 0$

B) $m = 0$ e $m = 3$

C) $m = 8$

D) $m = 3$

E) $m = 0$ e $m = 8$

3) Estudando análise combinatória, um aluno depara-se com a equação $C_n^2 + A_n^2 = 6n$, que ele resolve, pois precisa obter P_n. O valor da permutação encontrado por ele foi:

A) 5

B) 6

C) 24

D) 30

E) 120

4) Uma empresa vai fabricar cofres com senhas de 4 letras, usando as 18 consoantes e 5 vogais. Se cada senha deve começar com uma consoante e terminar com uma vogal, sem repetir letras, o número de senhas possíveis é:

A) 3060

B) 24480

C) 37800

D) 51210

E) 73440

5) Se M = {x, y, z, u, v}, o número total de subconjuntos de M com 3 elementos é:

A) 8
B) 10
C) 15
D) 20
E) 32

6) (UFRJ) Uma partícula desloca-se sobre uma reta, percorrendo 1 cm para a esquerda ou para a direita a cada movimento.
Calcule de quantas maneiras diferentes a partícula pode realizar uma seqüência de 10 movimentos terminando na posição de partida.

7) Dispondo de 10 questões de Álgebra e 5 de Geometria, uma banca deseja preparar provas, de forma tal que cada uma contenha ao menos uma questão diferente das demais.
Sabendo-se que cada prova deverá conter 5 questões de Álgebra e 3 de Geometria, determine quantas provas podem ser preparadas.

8) Cada pessoa presente a uma festa cumprimentou outra, com um aperto de mão, uma única vez. Sabendo-se que os cumprimentos totalizaram 66 apertos de mão, determine o número de pessoas que estiveram presentes à festa.

9) Uma escola quer organizar um torneio esportivo com 10 equipes de forma que cada equipe jogue exatamente uma vez com cada uma das outras. Quantos jogos terá o torneio?

10) (UFRJ) Os pontos A, B, C, D, E, F, G e H dividem uma circunferência de raio R, em oitos partes iguais, conforme a figura ao lado:
Quantos polígonos convexos podem ser traçadas com vértices nesses pontos?

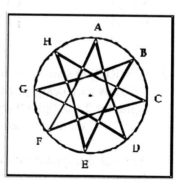

52 | Curso de Análise Combinatória e Probabilidade

11) (UNIRIO) Quantos são os anagramas da palavra "UNIRIO" que mantêm as letras "RIO" juntas e nesta ordem?

A) 12   D) 25
B) 20   E) 30
C) 24

12) (UFF) Assinale a alternativa que apresenta o número de seqüência de cores que podem ser formadas pelos 5 sinais de trânsito da Av.Amaral Peixoto, dado que cada sinal só apresenta uma única cor por vez - verde, amarelo ou vermelho:

A) 729   D) 15
B) 243   E) 5
C) 125

13) Em uma classe há 10 moças e 8 rapazes. Quantas comissões com 5 elementos podemos formar, de modo que em cada comissão haja pelo menos um rapaz e as moças sejam a maioria?

14) (UFF) Uma fábrica deverá participar de uma exposição de carros importados com 6 modelos diferentes, sendo dois deles de cor vermelha e os demais de cores variadas. Esses carros serão colocados em um "stand" com capacidade para 3 modelos, somente com cores diferentes. O número de maneiras distintas de esse "stand" ser arrumado é:

A) 24   D) 72
B) 36   E) 96
C) 60

15) (UNIRIO) O sistema de telefonia do município do Rio de Janeiro utiliza 8 dígitos para designar os diversos números de telefones. Se o primeiro dígito for 2 e o dígito 0 (zero) não for utilizado para designar as estações (2º, 3º e 4º dígitos), então:

A) Qual é a quantidade máxima de telefones no município do Rio de Janeiro?
B) Qual é a quantidade de telefones da estação 266?

16) Com dez jogadores de futebol de salão, dos quais dois só podem jogar no gol e os demais só podem jogar na linha, determine de quantas maneiras podemos formar um time com um goleiro e quatro jogadores na linha.

17) (UFRJ) Um construtor dispõe de quatro cores (verde, amarelo, cinza e bege) para pintar cinco casas dispostas lado a lado. Ele deseja que cada casa seja pintada com apenas uma cor e que duas casas consecutivas não possuam a mesma cor.
Por exemplo, duas possibilidades diferentes de pintura seriam:

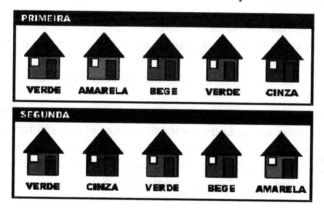

Determine o número de possibilidades diferentes de pintura.

18) Com as letras da palavra PROVA podem ser escritos x anagramas que começam por vogal e y anagramas que começam e terminam por consoantes. Os valores de x e y são, respectivamente:

A) 48 e 36
B) 48 e 72
C) 72 e 36
D) 24 e 36
E) 72 e 24

19) De quantos modos pode se vestir um homem que tem 3 pares de sapatos, 3 paletós e 4 calças diferentes?

A) 20
B) 36
C) 42
D) 52
E) 24

20) Um fiscal do Ministério do Trabalho faz uma visita mensal a cada uma das cinco empresas de construção civil existentes no município. Para evitar que os donos dessas empresas saibam quando o fiscal as inspecionará, ele varia a ordem de suas visitas. De quantas formas diferentes esse fiscal pode organizar o calendário de visita mensal a essas empresas?

A) 180
B) 120
C) 100
D) 48
E) 24

21) A partir de um grupo de 6 alunos e 5 professores será formada uma comissão constituída por 4 pessoas das quais, pelo menos duas devem ser professores.
Determine de quantas formas distintas tal comissão pode ser formada.

22) Para diminuir o emplacamento de carros roubados, um determinado país resolveu fazer um cadastro nacional, onde as placas são formadas com 3 letras e 4 algarismos, sendo que a 1ª letra da placa determina um estado desse país. Considerando o alfabeto com 26 letras, o número máximo de carros que cada estado poderá emplacar será de:

A) 175.760
B) 409.500
C) 6.500.000
D) 6.760.000
E) 175.760.000

23) (UENF) Está havendo uma modificação no código das placas dos carros. O quadro abaixo faz uma comparação entre os dois sistemas:
Calcule:

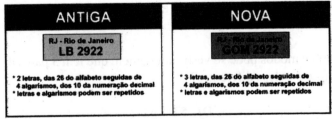

A) quantas placas distintas serão possíveis com a mudança.
B) quantas vezes a nova quantidade de placas será maior que a quantidade anterior.

Análise Combinatória | 55

24) Quantos são os números inteiros positivos de 5 algarismos que NÃO têm algarismos adjacentes iguais?

A) 5^9

D) 8^5

B) 9×8^4

E) 9^5

C) 8×9^4

25) Calcule o número de retas determinadas por 100 pontos, diferentes um do outro, situados sobre uma circunferência.

26) Se, em um encontro de n pessoas, todas apertarem as mãos entre si, então o número de apertos de mão será:

A) n^2

D) n

B) $n(n-1)$

E) $2n$

C) $\dfrac{n(n-1)}{2}$

Respostas:

1) E

2) D

3) E

4) C

5) B

6) $10!/5!.5!$

7) $C_{10}^5 . C_5^3$

8) 12

9) 45

10) 219

11) C

12) B

13) 5040

14) E

15) A) 7.290.000; B) 10.000

16) $2 . C_8^4$

17) 324

18) A

19) B

20) B

21) $C_{11}^4 - C_6^4 - 5C_6^3$

22) D

23) A) $26^3.10^4$; B) 25

24) E

25) 4.950

26) C

56 | Curso de Análise Combinatória e Probabilidade

Exercícios Complementares

1) Determine o número de maneiras de soletrar a palavra PERNAMBUCO começando por qualquer um P e indo para baixo ou para a direita para um E, daí então para baixo ou para a direita para um R, etc., terminando com o O.

$$
\begin{array}{l}
P \\
P\,E \\
P\,E\,R \\
P\,E\,R\,N \\
P\,E\,R\,N\,A \\
P\,E\,R\,N\,A\,M \\
P\,E\,R\,N\,A\,M\,B \\
P\,E\,R\,N\,A\,M\,B\,U \\
P\,E\,R\,N\,A\,M\,B\,U\,C \\
P\,E\,R\,N\,A\,M\,B\,U\,C\,O
\end{array}
$$

2) Em quantos anagramas da palavra VESTIBULAR as vogais aparecem em ordem alfabética?

3) Sendo p um número natural e $p > 3$, resolva a equação:

$$
\frac{C_{p-1,\,2} + C_{p-1,\,3}}{C_{p,\,2} - C_{p-1,\,1}} = \frac{5}{3}
$$

4) Com um grupo de 6 rapazes e 4 moças, de quantos modos se pode formar uma comissão de 4 pessoas de modo que em cada uma haja:

A) 2 rapazes e 2 moças;
B) pelo menos 2 rapazes

5) (UFF) Quinze pessoas, sendo 5 homens de alturas diferentes e 10 mulheres também de alturas diferentes, devem ser dispostas em fila, obedecendo ao critério: homens em ordem crescente de altura e mulheres em ordem decrescente de altura.
De quantos modos diferentes essas 15 pessoas podem ser dispostas nessa fila?

Análise Combinatória | 57

6) Quantos anagramas podem ser formados com as letras da palavra BANANEIRA? Destes, quantos começam por uma vogal?

7) Quantos números podem ser formados com os algarismos 3, 4, 5, 6 e 7, de modo que:

A) sejam múltiplos de 5 e tenham 4 algarismos distintos?
B) sejam menores que 650?
C) sejam pares e tenham 3 algarismos ?
D) tenham 4 algarismos distintos e apresentem os algarismos 4 e 7 sempre juntos?

8) Um trem de passageiros é constituído de uma locomotiva e 6 vagões distintos, sendo um deles restaurante. Sabendo que a locomotiva deve ir à frente e que o vagão-restaurante não pode ser colocado imediatamente após a locomotiva, calcule o número de modos diferentes de montar essa composição.

9) Se A e B são conjuntos tais que n(A) = 5 e n(B) = 8, quantas funções definidas de A em B existem? Destas, quantas são injetoras?

10) Com relação à palavra TEORIA, pede-se:

A) quantos anagramas podem ser formados com suas letras?
B) quantos anagramas começam com T?
C) quantos anagramas começam com T e terminam com A?
D) quantos anagramas começam com vogal?
E) quantos anagramas apresentam as vogais juntas?
F) quantos anagramas aprestam as letras R, I e A juntas?

11) Considere 7 pontos distintos em uma circunferência. Quantos polígonos convexos podem ser desenhados, utilizando-se esses pontos? Desse total, quantos são pentágonos?

12) O número de comissões diferentes, de 2 pessoas, que podemos formar com os n diretores de uma empresa é igual a k. Se, no entanto, ao formarmos essas comissões tivermos que indicar uma das pessoas para presidente e outra para suplente, poderemos formar k + 3 comissões distintas. Determine o valor de k.

58 | Curso de Análise Combinatória e Probabilidade

13) Quantos anagramas da palavra FELICIDADE:

A) começam com a letra F?
B) começam por vogal?
C) apresentam a sílaba FE?

14) Numa turma há 10 meninas e 12 meninos. Quantos grupos de 4 crianças, contendo pelo menos duas meninas, podem ser formados?

15) Num plano há 18 pontos, sendo que 3 nunca estão alinhados. Pergunta-se:

A) quantos vetores, no máximo, esses pontos determinam?
B) quantos segmentos de retas esses pontos determinam?
C) quantos triângulos eles determinam?

16) Calcule o valor de n na equação: $A_{n,2} = 156$.

17) Utilizando os algarismos 0, 1, 2, 3, 4 e 5, quantos números de 4 algarismos podem ser formados? Desses, quantos são pares?

18) Resolva a equação $\dfrac{n! + (n-1)!}{(n+1)!} = \dfrac{1}{8}$

19) Com os algarismos 0, 1, 2, 3, 4 e 5, quantos números de 4 algarismos distintos podem ser formados? Destes, quantos são divisíveis por 5?

20) De um grupo de 5 pessoas, de quantas maneiras posso convidar, pelo menos duas, para um jantar?

21) Quantos são os números de 5 algarismos distintos, sendo os 3 primeiro ímpares e os dois últimos pares?

22) Sobre um plano existem alguns 10 pontos, distribuídos de tal forma que nunca estejam alinhados três a três.

A) quantos hexágonos podem ser formados com esses pontos?
B) quantos segmentos de reta podem ser formados com esses pontos?

Análise Combinatória | 59

23) Quantos são os anagramas da palavra ESCOLA nos quais:

A) as letras S e C aparecem juntas;
B) as vogais aparecem juntas em ordem alfabética;
C) as vogais aparecem em ordem alfabética

24) (EsFAO) Quantos anagramas da palavra BOMBEIROS possuem juntas todas as vogais e todas as consoantes?

A) 360
B) 720
C) 1440
D) 2880
E) 5780

25) Um estudante ganhou, em uma competição realizada em sua escola, quatro livros diferentes de Matemática, três livros diferentes de Física e dois livros diferentes de Português. Querendo manter juntos aqueles da mesma disciplina, concluiu que poderia enfileirá-los numa prateleira de sua estante, de diversos modos. A quantidade de modos com que poderá fazê-lo é:

A) 48
B) 72
C) 192
D) 864
E) 1728

26) Sobre um plano α tomam-se 8 pontos distintos dos quais não existem 3 na mesma reta, e fora de α toma-se um ponto A. O número de pirâmides de base quadrangular com vértice em A que pode-se obter a partir desses pontos é:

A) 64
B) 70
C) 72
D) 82
E) 96

27) O número natural $N = 8^2 \times 55^p$ possui 700 divisores positivos. O valor de p é:

A) 5
B) 6
C) 7
D) 8
E) 9

Respostas:

1) 512
2) P_{10} / P_4
3) $p = 5$
4) A) 90; B) 185

5) $\dfrac{15!}{5! \ 10!}$

6) 30.240; 16.800
7) 24; 115; 50; 10
8) 600
9) 85; 6.720
10) 720; 120; 24; 480; 144; 144
11) 99; 21
12) 3
13) 9! / 2! 2! 2!; 2. 9! / 2! 2! + 9! / 2! 2! 2; 9! / 2! 2!
14) 6.060
15) 306; 153; 51
16) $n = 13$
17) 1.80; 540
18) $n = 8$
19) 300; 108
20) 26
21) 1.200
22) 210; 45
23) 240; 24; 120
24) C
25) E
26) B
27) E

CAPÍTULO 2.
BINÔMIO DE NEWTON

1. Introdução:

Um binômio é qualquer expressão da forma $x + y$, ou seja, é a representação da soma algébrica de duas quantidades distintas.

Considere, por exemplo, o produto dos três binômios

$$(m + n)(p + q)(r + s) = mpr + mps + mqr + mqs + npr + nps + nqr + nqs$$

Observe que o resultado consiste de oito termos, cada um dos quais possuindo três letras, sendo cada letra escolhida dentre as duas de cada um dos binômios.

O princípio multiplicativo nos oferece a possibilidade de contar o número de termos de produtos desse tipo, pois se de cada um dos três parênteses vamos escolher uma letra entre as duas existentes, temos que o número de termos do produto será 2^3.

Naturalmente esse raciocínio pode ser estendido para um produto contendo um número qualquer de binômios. Se o produto for constituído de 4, 5 ou n binômios o número de termos do desenvolvimento terá respectivamente, 2^4, 2^5 ou 2^n.

Vamos tomar agora o produto de seis binômios, todos iguais, por exemplo:

$$(x + a)(x + a)(x + a)(x + a)(x + a)(x + a)$$

Como temos $2^6 = 64$ maneiras de selecionarmos 6 letras, uma de cada binômio, e como todos os binômios são iguais a $(x + a)$ teremos termos repetidos.

Por exemplo, se tomarmos a letra a nos 2 primeiros e a letra x nos 4 últimos, teremos um termo da forma $a.a.x.x.x.x. = a^2.x^4$, que irá aparecer toda vez que a letra a for escolhida em exatamente 2 dos 6 binômios e a letra x nos 4 restantes, isto em qualquer ordenação.

Já sabemos que essas 6 letras podem ser arrumadas de $P_6^{2,4} = C_6^2$ maneiras diferentes, logo podemos afirmar que o termo $a^2.x^4$ irá aparecer esse número

62 | Curso de Análise Combinatória e Probabilidade

de vezes, o que equivale a dizer que o coeficiente de $a^2.x^4$ é igual a C_6^2 .

Observando ainda que qualquer termo consiste do produto de 6 letras, o termo geral é da forma $a^p.x^q$, onde $p + q = 6$, ou seja, cada termo é da forma $a^p.x^{6-q}$.

Vamos considerar dois exemplos iniciais para facilitar o entendimento do que foi exposto anteriormente.

Primeiramente vamos calcular $(x + a)^2$

$$(x + a)^2 = (x + a) . (x + a)$$

Para desenvolver esse produto, aplica-se a propriedade distributiva, onde será multiplicado o x do primeiro fator pelo x e o a do 2º; em seguida, o a do 1º fator será multiplicado novamente pelo x e pelo a do 2º fator.

Assim, o problema em tela se resolve em duas etapas bem definidas (lembre-se do princípio fundamental da contagem). Na primeira etapa, você tem duas opções (escolher o x ou o a do primeiro fator) e na 2ª etapa você tem, novamente, duas opções (escolher o x ou o a do 2º fator).

Logo, poderíamos construir o seguinte quadro:

1ª etapa	2ª etapa	Soluções
x	x	$x . x = x^2$
	a	$x . a = xa$
a	x	$a . x = xa$
	a	$a . a = a^2$
2	2	4

Observe que há dois termos em que foi escolhido um x e um a (xa e ax)

Agora, adicionando todos os resultados obtidos, tem-se:
$(x + a)^2 = x^2 + 2xa + a^2$
Vamos desenvolver agora a conhecida expressão $(x + a)^3$ utilizando a mesma linha de raciocínio.

$$(x + a)^3 = (x + a) . (x + a) . (x + a)$$

Esse problema é composto por 3 etapas: a 1ª consiste em escolher o x ou o a do primeiro fator; em seguida, será escolhido o x ou o a do segundo fator e, finalmente, o x ou o a do terceiro fator, para que sejam feitos os produtos entre eles. Assim, nosso quadro ficará:

1ª etapa	2ª etapa	3ª etapa	Soluções
x	x	x	$x.x.x = x^3$
		a	$x.x.a = x^2.a$
	a	x	$x.a.x = x^2.a$
		a	$x.a.a = x.a^2$
a	x	x	$a.x.x = x^2.a$
		a	$a.x.a = x.a^2$
	a	x	$a.a.x = x.a^2$
		a	$a.a.a = a^3$
2	2	2	8

Observe que das 8 possibilidades, 3 são da forma x^2a e 3 são da forma $x\,a^2$. Daí, se somarmos todos os resultados possíveis, encontraremos:

$$(x + a)^3 = x^3 + 3. x^2. a + 3. x . a^2 + a^3$$

Cabem aqui algumas observações:

1. Cada termo obtido é de grau 3, que é a potência do binômio em estudo: x^3, x^2, a , x, a^2 e a^3

2. Pode-se considerar, então, que todos esses termos são da forma:
$x^p.a^q$ em que $p + q = 3$. Logo, para determinarmos todos os possíveis expoentes de x e de a, devemos verificar o número de soluções inteiras não negativas da equação $p + q = 3$.

Sabemos que essa equação possui $C_4^1 = 4$ soluções. (Lembrar que equações lineares do tipo $x_1 + x_2 + x_3 + ... + x_n = b$ possuem C_{b+n-1}^{n-1} soluções inteiras não negativas. Verifique!)

64 | Curso de Análise Combinatória e Probabilidade

No caso que estamos analisando, as soluções serão:

p	q	Tipo do termo
3	0	$x \cdot x \cdot x = x^3 \cdot a^0$
2	1	$x \cdot x \cdot a = x^2 \cdot a^1$
1	2	$x \cdot a \cdot a = x^1 \cdot a^2$
0	3	$a \cdot a \cdot a = x^0 \cdot a^3$

Na tabela acima determinamos os possíveis termos (tipo do termo) do desenvolvimento, porém ainda é necessário saber quantas vezes cada um deles vai aparecer no desenvolvimento. Nesse caso, basta verificar quantas ordenações diferentes podem ser feitas com os fatores de cada termo.
Teremos então:

$x \cdot x \cdot x \rightarrow$ uma ordenação possível : $1 \cdot x^3$

$x \cdot x \cdot a \rightarrow P_3^2 = C_3^2 = 3$ ordenações possíveis : $3 \cdot x^2 \cdot a$

$x \cdot a \cdot a \rightarrow P_3^2 = 3$ ordenações possíveis : $3 \cdot x \cdot a^2$

$a \cdot a \cdot a \rightarrow$ uma ordenação possível : $1 \cdot a^3$

Obtendo-se assim todos os termos do desenvolvimento. Tente desenvolver a potência $(x + a)^4$ utilizando a mesma linha de raciocínio.

2. Termo Geral do Desenvolvimento do Binômio de Newton

Como já comentamos anteriormente, em várias situações–problema relacionadas ao binômio de Newton, não teremos interesse na obtenção de todos os termos do desenvolvimento, mas um determinado termo especificamente. Nesses casos é interessante conhecer a fórmula do termo geral, pois dessa maneira economiza-se trabalho e tempo na solução do problema.

Utilizando as conclusões anteriores, podemos então definir que, no desenvolvimento de um binômio do tipo $(x + a)^n$, cada termo será da forma:

$x^p \cdot a^q$, em que $p + q = n$, ou ainda $p = n - q$. Assim teremos $x^{n-q} \cdot a^q$.
Resta agora determinar o número de ordenações de cada tipo, isto é:

$$\underbrace{x \cdot x \cdot x \cdot x \ \ldots \ x}_{\substack{n-q \text{ fatores} \\ \text{iguais a } x}} \cdot \underbrace{a \cdot a \cdot a \ \ldots \ a}_{\substack{q \text{ fatores} \\ \text{iguais a } a}} \to P_n^{n-q,q} = \frac{n!}{q!(n-q)!} = C_n^q$$

Assim, cada termo do binômio pode ser expresso por:

$$T = C_n^q \ x^{n-q} \cdot a^q$$

Observações:
1. Na expressão acima, n representa a potência do binômio $(x + a)^n$

2. Os valores de q variam conforme a posição do termo. Lembre-se de que para o primeiro termo consideramos q = 0, para o 2º termo, q = 1 e assim sucessivamente, até o último termo, quando q = n

3. O desenvolvimento do binômio terá sempre n + 1 termos. (lembre-se de que o valor de q varia de 0 até n) e o seu desenvolvimento pode ser representado por:

$$(x + a)^n = \sum_{q=0}^{n} \binom{n}{q} x^{n-q} \cdot a^q$$

4. A fórmula do termo geral pode ser escrita, em função de q, da seguinte maneira:

$$T_{q+1} = C_n^q \ x^{n-q} \cdot a^q$$

Exercício Resolvido

Desenvolver o binômio $(2x + 3)^4$
Sabemos que n = 4 e que ele terá 5 termos, pois q vai variar de 0 até 4. Assim, teremos

$$T_1 = C_4^0 \cdot (2x)^{4-0} \cdot 3^0 = 1 \cdot 16x^4$$

$$T_2 = C_4^1 \cdot (2x)^{4-1} \cdot 3^1 = 4 \cdot 8x^3 \cdot 3$$

$$T_3 = C_4^3 \cdot (2x)^{4-2} \cdot 3^2 = 6.4\,x^2 \cdot 9$$

$$T_4 = C_4^4 \cdot (2x)^{4-3} \cdot 3^3 = 4 \cdot 2x \cdot 27$$

$$T_5 = C_4^5 \cdot (2x)^{4-4} \cdot 3^4 = 1 \cdot 81$$

Assim, $(2x + 3)^4 = 16x^4 + 96x^3 + 216x^2 + 216x + 81$

3. Observações:

3.1. Para desenvolver expressões do tipo $(x - a)^n$ o procedimento deverá ser o mesmo, apenas lembrando que $x - a = x + (-a)$. Assim, basta fazer

$(x - a)^n = (x + (-a))^n$ cujo termo geral será:

$$T_{q+1} = C_n^q \cdot x^{n-q} \cdot (-1)^q \cdot a^q$$

Nesse caso é fácil concluir que os termos de ordem par (quando q for ímpar) terão coeficiente numérico negativo.

3.2. A soma de todos os coeficientes do desenvolvimento do binômio $(x + a)^n$ será igual a 2^n.

Basta lembrar que, em um polinômio
$P(x) = a_0 + a_1 x + a_2 x^2 + a_3 x^3 + \ldots + a_n x^n$
a soma dos coeficientes é obtida calculando-se
$P(1) = a_0 + a_1 + a_2 + a_3 + \ldots + a_n$.

Generalizando, para determinarmos a soma dos coeficientes do desenvolvimento de um binômio qualquer, basta atribuir às variáveis que o compõem o valor 1 e calcular a potência que for obtida a partir daí.

No exemplo que desenvolvemos anteriormente, pode-se observar que a soma dos coeficientes de $(2x + 3)^4 = 16x^4 + 96x^3 + 216x^2 + 216x + 81$ e igual a 625. Esse resultado poderia ser obtido no binômio original, fazendo $x = 1$, ou seja:

$$(2 \cdot 1 + 3)^4 = 5^4 = 625$$

Binômio de Newton | 67

Exercícios Resolvidos:

1) Desenvolva o binômio $(3x - y)^5$

Solução:
Lembrando que $(3x - y)5 = [3x + (- y)]5$, vamos calcular cada termo do desenvolvimento, conforme já foi visto anteriormente:
Como n = 5, o binômio terá 6 termos em seu desenvolvimento:

$$T_1 = C_5^0 \cdot (3x)^{5-0} \cdot (-y)^0 = 1 \cdot 243x^5 = 243x^5$$

$$T_2 = C_5^1 \cdot (3x)^{5-1} \cdot (-y)^1 = 5 \cdot 81x^4 \cdot (-y) = -405x^4 y$$

$$T_3 = C_5^2 \cdot (3x)^{5-2} \cdot (-y)^2 = 10 \cdot 27x^3 \cdot y^2 = 270x^3y^2$$

$$T_4 = C_5^3 \cdot (3x)^{5-3} \cdot (-y)^3 = 10 \cdot 9x^2 \cdot (-y)^3 = -90x^2 y^3$$

$$T_5 = C_5^4 \cdot (3x)^{5-4} \cdot (-y)^4 = 5 \cdot 3x \cdot y^4 = 15x y^4$$

$$T_6 = C_5^5 \cdot (3x)^{5-5} \cdot (-y)^5 = 1 \cdot 1 \cdot (-y^5) = -y^5$$

Logo, $(3x - y)^5 = 243x^5 - 405x^4y + 270x^3y^2 - 90x^2y^3 + 15xy^4 - y^5$

2) Determine a soma dos coeficientes do desenvolvimento de $(3x - y)^5$.

Solução:
Fazendo x = y = 1 no binômio dado, teremos: $(3 \cdot 1 - 1)^5 = 2^5 = 32$.
Podemos verificar esse resultado somando os coeficientes obtidos no desenvolvimento do exercício anterior: $243 - 405 + 270 - 90 + 15 - 1 = 528 - 496 = 32$

3) Calcular o quarto termo da expansão de $(1 + k)^8$.
Solução:
Temos aqui, x = 1, a = k, n = 8 e q + 1 = 4 . Logo q = 3 e
$$T_4 = T_{3+1} = C_8^3 1^{8-3} \cdot k^3 = 56k^3 .$$

68 | Curso de Análise Combinatória e Probabilidade

4) Calcular o sexto termo da expansão de $(x - 5y)^{10}$
Solução:
Neste caso a $= -5y$, $n = 10$, $q = 5$ e $q + 1 = 6$, Portanto,
$$T_6 = C_{10}^5 x^{10-5} (-5y)^5 = -787.500x^5 y^5.$$

5) Demonstrar a seguinte identidade:

$$\sum_{p=0}^{n} C_n^p = C_n^0 + C_n^1 + C_n^2 + ... + C_n^n = 2^n$$

Solução:
Como podemos escrever $(x + a)^n = \sum_{p=0}^{n} C_n^p x^{n-p} a^p$, é fácil ver que, para

$x = a = 1$, o primeiro membro fica $(1 + 1)^n = 2^n$ e o lado direito desta igualdade nos dá a soma pedida, que será igual a 2^n. Esse valor representa também, o número de subconjuntos de um conjunto contendo n elementos.

Exercícios

1) O coeficiente do termo em x^3 no desenvolvimento do binômio $\left(x^2 + \dfrac{1}{x} \right)^9$ é:

A) 252   D) 126
B) 138   E) 132
C) 264

Solução:
Como já vimos anteriormente, ao desenvolvermos esse binômio, cada termo será obtido fazendo:

$$C_9^p \cdot \left(x^2\right)^{9-p} \cdot \left(\frac{1}{x}\right)^1$$

Desenvolvendo essa expressão, obtemos: $C_9^p \cdot x^{18-2p} \cdot x^{-p} = C_9^p \cdot x^{18-3p}$
O problema pede para determinarmos o termo em x^3. Logo, basta igualar a 3 o expoente de x que é $18 - 3p$. Assim, teremos $p = 5$
Substituindo esse valor de p na expressão $C_9^p x^{18-3p}$ obtemos: $126x^3$.

Binômio de Newton | 69

2) O quarto termo no desenvolvimento de $\left(y^2 + \dfrac{1}{y}\right)^6$ é:

A) $20y^3$

D) $\dfrac{6}{y^2}$

B) $12y^2$

E) $10y^{-2}$

C) $\dfrac{15}{y^6}$

Solução:

Para obter o quarto termo não é necessário desenvolver o binômio todo. Basta lembrar que n = 6 e que no quarto termo teremos p = 3. Assim, basta fazer:

$$T_4 = C_6^3 \cdot (y^2)^{6-3} \cdot (\frac{1}{y})^3 = 20 \cdot y^3$$

3) Calcule o 4º termo do desenvolvimento de $(1 + 3x)^5$

4) No desenvolvimento de $(1 + 2x)^6$, o coeficiente de x^4 é igual a:

A) 80

D) 40

B) 160

E) 20

C) 240

5) Calcule o termo central do desenvolvimento de $\left(2a - \dfrac{1}{a}\right)^6$.

6) O coeficiente de x^8 no desenvolvimento de $\left(x^2 + \dfrac{1}{x^2}\right)^8$ é:

A) 22

D) 28

B) 24

E) 30

C) 26

7) O coeficiente de x^{15} no desenvolvimento de $\left(x^2 + \dfrac{1}{x^3}\right)^{15}$ é:

A) 455

D) 643

B) 500

E) 600

C) 555

70 | Curso de Análise Combinatória e Probabilidade

8) O termo independente de x no desenvolvimento do binômio $\left(x + \dfrac{1}{x}\right)^8$ é:

A) 70
B) 50
C) 45
D) 28
E) 72

9) O quarto termo no desenvolvimento de $\left(y^2 + \dfrac{1}{y}\right)^6$ é:

A) $20\,y^3$
B) $12\,y^2$
C) $15/y^6$
D) $6/y^2$
E) $10\,y^{-2}$

10) No desenvolvimento de $(x + y)^n$, a diferença entre os coeficientes do terceiro e do segundo termos é igual a 54. Podemos afirmar que o termo médio é o:

A) terceiro
B) quarto
C) quinto
D) sexto
E) sétimo

11) Verifique se existe termo em x^8 no desenvolvimento de $\left(\dfrac{x}{2} + x^2\right)^4$.

12) O coeficiente de x na expansão de $\left[x + \dfrac{1}{x}\right]^7$ é:

A) 0
B) 7
C) 28
D) 35
E) 49

13) Calcule o termo médio do desenvolvimento de $\left(\sqrt[3]{x^2} - \dfrac{1}{x^3}\right)^8$.

14) Determinar o 6° termo do desenvolvimento de $\left[\sqrt[3]{2} + \sqrt{3}\right]^8$

15) A soma dos coeficientes do desenvolvimento de $(x + 3y)^n$ é 1.024. Determine o 4° termo desse desenvolvimento.

Respostas:
1) D
2) A
3) $270x^3$
4) C

5) – 160
6) D
7) A
8) A
9) A
10) E
11) 5° TERMO
12) D

13) $\dfrac{70}{x^9 . \sqrt[3]{x}}$

14) $1008\sqrt{3}$

15) $270 \, x^2 \, y^3$

4. Coeficientes Binomiais e Triângulo de Pascal

Observe inicialmente a expansão de $(a+b)^n$ para alguns valores de n.

$$(a+b)^0 = 1$$

$$(a+b)^1 = a+b$$

$$(a+b)^2 = a^2 + 2ab + b^2$$

$$(a+b)^3 = a^3 + 3a^2b + 3ab^2 + b^3$$

$$(a+b)^4 = a^4 + 4a^3b + 6a^2b^2 + 4ab^3 + b^4$$

$$(a+b)^5 = a^5 + 5a^4b + 10a^3b^2 + 10a^2b^3 + 5ab^4 + b^5$$

$$(a+b)^6 = a^6 + 6a^5b + 15a^4b^2 + 20a^3b^3 + 15a^2b^4 + 6ab^5 + b^6$$

Chamamos "Triângulo de Pascal" ao triângulo formado pelos coeficientes das expansões acima, isto é,

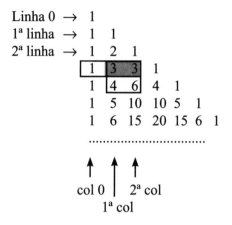

Observe que:

- Os números que surgem em cada linha do triângulo de Pascal são exatamente os mesmos coeficientes dos termos da expansão de $(a+b)^n$.
- A soma de dois termos consecutivos de uma mesma linha corresponde ao termo da linha seguinte, que fica abaixo do segundo número, que é uma propriedade conhecida como relação de Stifel, que veremos mais adiante.
- Em cada linha os termos extremos e os eqüidistantes dos extremos são iguais.

Enumeramos as linhas deste triângulo de acordo com o expoente da potência da qual os coeficientes foram retirados, isto é, a 1ª linha é "1 1" a 2ª linha é "1 2 1" e assim sucessivamente. Enumeramos as colunas da mesma forma, isto é, a formada só de dígitos iguais a 1 é a de número zero e assim por diante. Observe que a soma dos elementos da linha 5 é, como já foi visto, $C_5^0 + C_5^1 + C_5^2 + C_5^3 + C_5^4 + C_5^5 = 32 = 2$.

Para somarmos os elementos da n-ésima linha, só precisamos lembrar que ela representa o número de subconjuntos de um conjunto de n elementos e assim, é igual a 2^n.

Já observamos que a soma dos elementos da n-ésima linha é igual a 2^n e que numa mesma linha termos eqüidistantes dos extremos são iguais.

Observe ainda no triângulo que a soma dos n primeiros elementos da coluna p é igual ao elemento da coluna p+1 que está na linha imediatamente abaixo do último elemento a ser somado. Por exemplo, somando os 4 primeiros elementos da coluna 2 ($1 + 3 + 6 + 10 = 20$) obtemos o número que está na linha abaixo do 10, na coluna 3. Se somarmos os 5 primeiros termos dessa mesma coluna ($1 + 3 + 6 + 10 + 15 = 35$) obteremos o elemento da coluna 3, que está na linha imediatamente abaixo do 15.

Veja:

Coluna	0	1	2	3	4	5	6	7	8
	1								
	1	1							
	1	2	1						
	1	3	3	1					
	1	4	6	4	1				
	1	5	10	10	5	1			
	1	6	15	20	15	6	1		
	1	7	21	35	35	21	7	1	
	1	8	28	56	70	56	28	8	1

Coeficientes Binomiais

Cada elemento do triângulo de Pascal é um número binomial e sua posição no triângulo fica determinada por um par ordenado que indica a linha e a coluna ocupada pelo binomial. Se o binomial ocupa a linha n e a coluna p sua representação será , onde n é chamado numerador e p é o denominador do binomial.

Portanto, denomina-se número binomial a todo número da forma.

$$\binom{n}{p} \quad \text{com, } n \in \mathbb{N}, \ p \in \mathbb{N}, \ n \geq p,$$

$$\text{em que } \binom{n}{p} = C_n^p = \frac{n!}{p!(n-p)!}$$

74 | Curso de Análise Combinatória e Probabilidade

Exercícios

1) Calcule $\binom{6}{4}$.

2) Simplifique a fração $\dfrac{\binom{12}{4}}{\binom{12}{5}}$.

3) Determine os inteiros n e p de modo que $\dfrac{\binom{n}{p}}{1} = \dfrac{\binom{n}{p+1}}{2} = \dfrac{\binom{n}{p+2}}{3}$.

4) Mostre que $\binom{7}{2} = \binom{7}{5}$ e que $\binom{n}{k} = \binom{n}{n-k}$

Solução:

Calculando os binomiais dados temos: $\binom{7}{2} = \dfrac{7!}{2!\ 5!} = 21$ e $\binom{7}{5} = \dfrac{7!}{5!\ 2!} = 21$ o que mostra a igualdade;

Para mostrar a segunda igualdade vamos escrever: $\binom{n}{k} = \dfrac{n!}{k!\ (n-k)!}$.

Por outro lado, o segundo membro da igualdade pode ser escrito: $\binom{n}{n-k} = \dfrac{n!}{(n-k)!\ [n-(n-k)]!} = \dfrac{n!}{(n-k)!\ k!}$.

Esse resultado é exatamente o mesmo que foi obtido anteriormente. Logo, a igualdade é verificada.

Esses números binomiais são chamados COMPLEMENTARES.

Para reconhecer dois números binomiais complementares, basta observar que a soma dos denominadores de cada um deles é igual a n, ou seja,
$k + (n - k) = n$.

Binômio de Newton | 75

5) Calcule:

A) $\dbinom{n}{0}$

D) $\displaystyle\sum_{p=0}^{6}\dbinom{6}{p}$

B) $\dbinom{n}{1}$

E) $\displaystyle\sum_{p=2}^{7}\dbinom{8}{p}$

C) $\dbinom{n}{n}$

6) Resolva a equação binomial: $\dbinom{16}{2x-3}=\dbinom{16}{x+1}$

Solução:

Para que ocorra a igualdade entre dois números binomiais, duas condições devem ser verificadas. A primeira é evidente: os denominadores devem ser iguais; a segunda, conforme foi visto no exercício resolvido anteriormente, está ligada aos binomiais complementares, que também são iguais.

Logo, para resolver a equação acima, escrevemos:

a) $2x - 3 = x + 1 \rightarrow x = 4$

b) $(2x - 3) + (x + 1) = 16 \rightarrow x = 6$

Desta forma a solução é o conjunto $\{4, 6\}$

Respostas:
1) 15
2) 5/8
3) $p = 4; n = 14$
5) 1; n; 1; 64; 246
6) 4 ou 6

Exercício

Calcule o valor de x na equação: $\binom{17}{x+1} - \binom{16}{3} = \binom{16}{2}$

Resposta: 2 ou 13

4.2. Observações

1. Já vimos anteriormente que a soma de todos os elementos de uma mesma linha n do triângulo de Pascal é igual a 2^n, isto é:

$$\sum_{p=0}^{n}\binom{n}{p} = \sum_{p=0}^{n} C_n^p = C_n^0 + C_n^1 + C_n^2 + ...C_n^n = 2^n$$

2. Em cada linha, os elementos eqüidistantes dos extremos são iguais. Esses elementos são chamados de números ou coeficientes binomiais complementares.

Binomiais Complementares: $C_n^p = C_n^{n-p}$

Observe que $p + (n - p) = n$

Assim, podemos escrever: $C_8^3 = C_8^5$ ou ainda que $\binom{8}{5} = \binom{8}{3}$

3. Relação de Stifel:

Já vimos anteriormente no Triângulo de Pascal, que a soma de dois elementos consecutivos de uma mesma linha n é igual ao elemento que está na linha n + 1, abaixo do segundo termo dessa adição.

Por exemplo, observe:

$n = 0$ 1

$n = 1$ 1   1

$n = 2$ 1   2   1

$n = 3$ 1   3   3   1

$n = 4$ 1   4   6   4   1

$n = 5$ 1   5   10   10   5   1

Na linha n = 4 , temos: 1 + 4 = 5 (linha 5, abaixo do 4) ; 4 + 6 = 10 (linha 5, abaixo do 6). Esta propriedade é conhecida como a Relação de Stifel

Genericamente, podemos escrever a relação de Stifel da seguinte forma:

$$C_{n-1}^{p-1} + C_{n-1}^p = C_n^p \text{ ou ainda } \binom{n}{p} + \binom{n}{p+1} = \binom{n+1}{p+1}$$

Exercícios Resolvidos

1) Demonstrar a seguinte identidade (teorema das colunas):

$$C_p^p + C_{p+1}^p + C_{p+2}^p + \dots C_{p+n}^p = C_{p+n+1}^{p+1}.$$

Solução:
A principal propriedade que do triângulo de Pascal (Relação de Stifel) justifica a seqüência de igualdades abaixo:

$$C_{p+1}^{p+1} = C_p^{p+1} + C_p^p$$

$$C_{p+2}^{p+1} = C_{p+1}^{p+1} + C_{p+1}^p$$

$$C_{p+3}^{p+1} = C_{p+2}^{p+1} + C_{p+2}^p$$

$$\dots\dots\dots\dots\dots\dots\dots$$

$$C_{p+n}^{p+1} = C_{p+n-1}^{p+1} + C_{p+n-1}^p$$

$$C_{p+n+1}^{p+1} = C_{p+n}^{p+1} + C_{p+n}^p$$

Se somarmos membro a membro estas igualdades (cancelando termo iguais), teremos $C_{p+n+1}^{p+1} = C_p^{p+1} + C_p^p + C_{p+1}^p + C_{p+2}^p + \dots + C_p^p$ que é a igualdade pedida, uma vez que $C_p^{p+1} = 0$. Na figura abaixo ilustramos o que acabamos de demonstrar.

78 | Curso de Análise Combinatória e Probabilidade

```
1
1    1
1    2    1
1    3    3    1
1    4    6    4    1
1    5    10   10   5    1
1    6   15   20   15   6    1
1    7    21   35   35   21   7    1
```

. . . .

2) Achar uma fórmula para a soma dos n primeiros inteiros positivos.

Solução:
Isto é decorrência do exemplo anterior, pois

$$1 + 2 + 3 + ... + n = C_1^1 + C_2^1 + C_3^1 + C_3^1 + ... + C_n^1 =$$

$$C_{n+1}^2 = \frac{n(n+1)}{2}$$

3) Prove que $C_n^0 - C_n^1 + C_n^2 - C_n^3 + ... + (-1)^n C_n^n = 0$

Solução:
Devemos lembrar que $(x + a)^n = \sum_{p=0}^{n} C_n^p a^p x^{n-}$, portanto basta tomarmos $x = 1$ e $a = -1$.

4) Expressar, em função de n, a soma $\sum_{i=1}^{n} i(i+1)$.

Solução:

Como $\sum_{i=1}^{n} i(i+1) = 1.2 + 2.3 + 3.4 + ... + n(n+1)$. Se dividirmos ambos os membros por 2! temos que

$$\frac{1}{2!} \sum_{i=1}^{n} i(i+1) = \frac{1.2}{2!} + \frac{2.3}{2!} + \frac{3.4}{2!} + ... + \frac{n(n+1)}{2!}$$

$$= C_2^2 + C_3^2 + C_4^2 + ... + C_{n+1}^2$$

que, pelo exemplo 2, é igual a C_{n+2}^3. Logo $\dfrac{1}{2!}\displaystyle\sum_{i+1}^{n} i(i+1) = \dfrac{(n+2)(n+1)n}{3!}$,

e portanto, $\displaystyle\sum_{i=1}^{n} i(i+1) = \dfrac{n(n+1)(n+2)}{3}$

De posse dessa fórmula podemos apresentar uma fórmula para a soma dos quadrados dos n primeiros inteiros positivos.

5) Demonstre que $\displaystyle\sum_{i-1}^{n} i^2 = \dfrac{n(n+1)(2n+1)}{6}$

Solução:
Como temos que

$$\sum_{i=1}^{n} i^2 = \sum_{i=1}^{n} i(i+1) - \sum_{i=1}^{n} i$$

$$= \frac{n(n+1)(n+2)}{3} - \frac{n(n+1)}{2}$$

$$= \frac{2n(n+1)(n+2) - 3n(n+1)}{6}$$

$$= \frac{n(n+1)(2n+4-3)}{6} = \frac{n(n+1)(2n+1)}{6}$$

5. Potenciação de Polinômios

Vamos determinar uma fórmula para desenvolver expressões do tipo $(x + y + z)^n$. Fica a critério do leitor desenvolver expressões polinomiais com mais de 3 termos.

Assim como foi visto anteriormente, cada termo desse desenvolvimento será da forma $x^p \cdot y^q \cdot z^r$, em que $p + q + r = n$. Logo, deve-se determinar todas as possíveis soluções inteiras não negativas dessa equação e depois determinar, para cada uma dessas soluções, o número de ordenações possíveis a serem formadas com as variáveis x, y e z, de forma análoga à que foi feita no desenvolvimento do binômio.

Dessa forma, cada termo poderá ser ordenado de $P_n^{p,q,r}$ formas diferentes.

80 | Curso de Análise Combinatória e Probabilidade

Como exemplo vamos calcular os termos em x^4 no desenvolvimento de $(2x + x^2 + y^2)^4$

Sabemos que cada elemento desse desenvolvimento será da forma:

$$(2x)^p \cdot (x^2)^q \cdot (y^2)^r = 2^p \cdot x^{p+2q} \cdot y^{2r} \text{ em que } p + q + r = 4$$

A equação $p + q + r = 4$ possui 15 soluções inteiras não negativas. Como estamos interessados no termo em x^4, precisamos descobrir, dentre as 15 soluções, aquelas em que $p + 2q = 4$, ou seja:

p	q	r
4	0	0
2	1	1
0	2	2

Logo teremos 3 tipos de termos em que aparece x^4, a saber:

$(2x)^4 \cdot (x^2)^0 \cdot (y^2)^0 = 16x^4$

$(2x)^2 \cdot (x^2)1 \cdot (y^2)^1 = 4 x^4 \cdot y^2 \rightarrow$ número de ordenações de $(2x).(2x). x^2 . y^2$ é $P_4^2 = 12$, totalizando $48 x^4 \cdot y^2$

$(2x)^0 \cdot (x^2)^2 \cdot (y^2)^2 = x^4 . y^4 \rightarrow$ número de ordenações de $(x^2) (x^2) (y^2) (y^2)$ é $P_4^{2,2} = 6$, totalizando $6 . x^4 . y^4$

Exercícios

---

1) Determine, caso exista, o termo em x^6 no desenvolvimento de $(1 + x^2 + x^3)^8$.

Solução:

Cada termo desse desenvolvimento será da forma: $1^p \cdot (x^2)^q \cdot (x^3)^r = x^{2q+3r}$ em que $p + q + r = 8$.

Como foi pedido o termo em x^6, devemos ter simultaneamente

$$\begin{cases} p + q + r = 8 \\ 2q + 3r = 6 \end{cases}$$

Da 2ª equação tiramos $q = \dfrac{6-3r}{2}$. Fazendo uma tabela com as possíveis soluções para o sistema, temos:

p	q	r
5	3	0
6	0	2

Concluímos que existem duas possibilidades para que se tenha um termo em x^6.

a) $1^5 . (x^2)^3 = 1 . 1 . 1 . 1 . 1 . x^2 . x^2 . x^2$ que pode ser ordenado de $P_8^{5,3}$ maneiras: $56\,x^6$.

b) $1^6 . (x^3)^2 = 1 . 1 . 1 . 1 . 1 . 1 . x^3 . x^3$ que pode ser ordenado de $P_8^{6,2}$ maneiras: $28\,x^6$

Logo, o termo em x^6 do desenvolvimento será : $(56 + 28)x^6 = 84x^6$

2) Desenvolver $(x - y + 2)^3$

3) Achar o coeficiente de x^8 no desenvolvimento de $(1 + x^2 - x^3)^9$

A) $C_9^4 + 3C_9^5$ \qquad D) $4\,C_9^3 + 2C_9^4$
B) $3\,C_9^3 + C_9^4$ \qquad E) $4\,C_9^3 + 4C_9^4$
C) $2\,C_9^2 + 3C_9^4$

4) Determine o termo em x^8 no desenvolvimento de $(1 - 3x + x^2)^6$

5) Determine o coeficiente do termo em x^{21} no desenvolvimento de $(1 + x^3 + x^5)^{10}$.

Respostas:
1) $84x^6$
2)
3) B
4) $1.770x^8$
5) 2.640

82 | Curso de Análise Combinatória e Probabilidade

Exercícios Complementares

1) Calcule o termo independente de x no desenvolvimento de $\left(2x - \dfrac{1}{x^2}\right)^9$

2) Calcule o termo central do desenvolvimento de $(x + x^{-1})^8$

3) Resolva a equação: $\dbinom{34}{3x-2} = \dbinom{34}{2x+11}$

4) Calcule o termo independente de x no desenvolvimento de $\left(x^2 + \dfrac{1}{x^3}\right)^{10}$

5) Calcule o termo em x^6 no desenvolvimento de $(x + x^{-1})^{10}$

6) Resolva a equação abaixo: $\dbinom{27}{2x-1} = \dbinom{27}{x+10}$

7) Determine o termo médio do desenvolvimento de $(3x - x^2)^6$

8) Calcule o termo independente de x no desenvolvimento de $\left(\dfrac{3x^2}{2} - \dfrac{1}{3x}\right)^9$

9) Sabendo que a soma dos coeficientes do desenvolvimento de $(2x + k)^7$ é igual a -1, determine o valor do número real k e o 4° termo desse desenvolvimento.

10) Resolva a equação $\dbinom{n}{3} + \dbinom{n}{4} = 5(n - 2)$

11) Resolva a equação $\dbinom{8}{x} + \dbinom{8}{x+1} = \dbinom{9}{5}$

12) Calcule o valor de $\displaystyle\sum_{2}^{9}\dbinom{10}{p}$

13) Resolva o sistema

$$\begin{cases} 4x + y = 11 \\ x^5 + \dbinom{5}{1}x^4 y + \dbinom{5}{2}x^3 y^2 + \dbinom{5}{3}x^2 y^3 + \dbinom{5}{4}xy^4 + y^5 = 3 \end{cases}$$

14) Obtenha o termo independente de x no desenvolvimento de $\left(x^3 + \dfrac{2}{x}\right)^8$

15) Determine o termo independente de x no desenvolvimento de $\left(\dfrac{1}{x^2} - \sqrt[4]{x}\right)^{18}$

16) Determine, caso exista, o termo independente de x no desenvolvimento de $\left(x^2 - \dfrac{2}{\sqrt[3]{x^2}}\right)^{12}$

17) Calcule o valor aproximado de $1,002^{30}$

Respostas:
1) -5.376
2) 70
3) 5 ou 13
4) 210
5) $45x^6$
6) 11 ou 6
7) $-540x^8$
8) $7/18$
9) $k = -3; -15.120x^4$
10) $n = 5$
11) 4 ou 3
12) 1.012
13) $x = 3 ; y = -1$
14) 1.792
15) 153
16) -112.640
17) $\sim 1,06174$ (Observe que $1,002 = 1 + 0,002$)

Leitura Complementar

O Triângulo de Pascal e a Seqüência de Fibonacci

A seguir será analisada uma importante seqüência, que está relacionada ao número de ouro* e que surgiu de um curioso problema proposto pelo matemático Leonardo de Pisa (Fibonacci – Filho de Bonacci). Veja-se o seguinte problema:

"Quantos pares ou casais de coelhos serão produzidos, por exemplo em um ano, começando-se com um só par, se em cada mês cada par gera um novo par, que se torna produtivo a partir do segundo mês?". Esse problema considera que os coelhos estão permanentemente fechados num certo local e que não ocorrem mortes. A tabela a seguir mostra a progressão dos casais, até o mês 16.

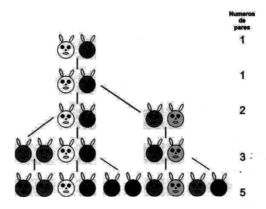

Tabela com a progressão dos coelhos:

Mês	Casais adultos	Casais jovens	Total de casais
1	1	0	1
2	1	0	1
3	1	1	2
4	1	2	3
5	2	3	5
6	3	5	8

7	5	8	13
8	8	13	21
9	13	21	34
10	21	34	55
11	34	55	89
12	55	89	144
13	89	144	233
14	144	233	377
15	233	377	610
16	377	610	987

Fibonacci realizou os seguintes cálculos: no primeiro mês, tem-se um par de coelhos que se manterá no segundo mês, tendo em consideração que se trata de um casal de coelhos jovens; no terceiro mês de vida darão origem a um novo par, e assim tem-se dois pares de coelhos; para o quarto mês tem-se apenas um par a reproduzir, o que fará com que obtenha-se no final deste mês, três pares. Em relação ao quinto mês serão dois, os pares de coelhos a reproduzir, o que permite obter cinco pares destes animais no final desse mês. Continuando dessa forma, ele mostra que existirão 233 pares de coelhos ao fim de um ano de vida, partindo-se apenas de um par de coelhos.

Listando a seqüência: 1, 1, 2, 3, 5, 8, 13, 21, 34, 55, 89, 144, 233, 377, 610, 987... na margem dos seus apontamentos, ele observou que cada um dos números a partir do terceiro é obtido pela adição dos dois números antecessores, e assim pode-se fazê-lo em ordem a uma infinidade de números de meses. Essa seqüência é conhecida, atualmente, como a seqüência ou sucessão de Fibonacci.

Agora, utilizando-se uma simples calculadora e efetuando-se a divisão de dois termos consecutivos da seqüência de Fibonacci, pode-se observar a "marcha" dos resultados obtidos:

$1:1=1$	$2:1=2$	$3:2=1,5$
$5:3 \approx 1,66666$	$8:5 \approx 1,60000$	$13:8 \approx 1,62500$
$21:13 \approx 1,61538$	$34:21 \approx 1,61905$	$610:377 \approx 1,61803$
$55:34 \approx 1,61765$	$89:55 \approx 1,61818$	$144:89 \approx 1,61798$
$233:144 \approx 1,61806$	$377:233 \approx 1,61803$	

Esse valor, 1,61803 se aproxima do número de ouro. Uma curiosidade ou um capricho da Matemática; quanto mais números são considerados na seqüência de Fibonacci, a divisão de dois termos consecutivos se aproxima do número de ouro. Calculando-se os 20º e 21º termos consecutivos, são obtidos os valores 4181 e 6765. Quando efetua-se a divisão 6765 : 4181 é obtido 1,618033963..., novamente uma aproximação do número de ouro.

Os exemplos a seguir mostram relações entre o número de ouro, a seqüência de Fibonacci e fatos da natureza.

O Triângulo de Pascal e a Seqüência de Fibonacci

Fibonacci quando examinava o Triângulo Chinês (que é o conhecido Triângulo de Pascal) dos anos 1300, observou que a seqüência numérica, que hoje recebe o seu nome, aparecia naquele documento. O que tem a ver a seqüência de Fibonnacci com o triângulo de Pascal? Veja que interessante, a seqüência aparece através da soma de vários números binomiais (do triângulo de Pascal), localizados acima e ao lado direito do número anterior, veja abaixo:

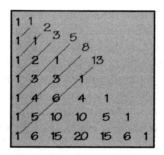

ou seja, somando os elementos que estão em uma mesma diagonal, obtém-se a seqüência de Fibonacci.

Ainda outra Curiosidade:

Folhas, flores, frutos e a seqüência de Fibonacci
Observem-se mais algumas proezas da natureza. Muitas plantas apresentam 5 pétalas. O ananás possui 8 diagonais num sentido e 13 no outro. Normalmente as margaridas e os girassóis têm 21, 34, 55 ou 89 pétalas. Verifique, 5, 8, 13, ..., 34, 55, 89, ... são todos números da seqüência de Fibonacci. Descobriu-se, não há muito tempo, que esses números são importantes e muito  freqüentes na natureza. O seu aparecimento não é um acaso, mas o resultado de um processo físico de crescimento das plantas e dos frutos.

PROBABILIDADES

1. Introdução:

> Atividade Introdutória para o Estudo de Probabilidades:
> Um jogo com dois dados

Vamos iniciar o nosso estudo de probabilidades, apresentando a seguinte situação-problema que você mesmo poderá comprovar:

Um professor propôs aos seus alunos o seguinte JOGO DOS DOIS DADOS:

Instruções:
– Dois jogadores ou duas equipes;
– Em cada jogada, cada jogador (ou equipe) lança um dado e somam-se os pontos dos dois dados.
– O jogador (ou equipe) A marca um ponto se a soma for 5, 6, 7 ou 8.
– O jogador (ou equipe) B marca um ponto se a soma for 2, 3, 4, 9, 10, 11 ou 12.
– Ganha quem primeiro obtiver 20 pontos.

Depois de ouvir as opiniões dos alunos, mas antes de discuti-las, propôs que eles fizessem algumas apostas. Para isso, organizaram-se em grupos de dois, escolhendo entre si qual deles apostaria no jogador A e qual no B.

Uma boa parte dos alunos preferiu ser o jogador B porque, das onze somas possíveis, há sete que fazem o jogador B ganhar e só quatro que o fazem perder. Um pouco apressadamente concluíram que a probabilidade de ganhar seria $\dfrac{7}{11}$.

Depois de cada aluno receber um dado, cada grupo de alunos fez um jogo.

Os alunos observaram que o jogador (equipe) A ganhava a maior parte dos jogos. Isto fez com que eles suspeitassem que A estava em vantagem.

Curso de Análise Combinatória e Probabilidade

O professor então aproveitou para analisar a questão e verificar se a probabilidade de A ser o vencedor era realmente maior.

Antes de resolver a questão, o professor forneceu algumas pistas, do tipo: Será a soma "2" tão fácil de acontecer como a "7"? Só sai "2" se em ambos os dados sair 1, enquanto que "7" é possível de várias maneiras: 1+ 6 ou 2 + 5 ou 3 + 4 ou ...

Por outro lado, sair 3 num dado e 4 no outro é diferente de sair 4 no primeiro e 3 no segundo...

Pediu em seguida aos alunos que identificassem os dados – por exemplo, dado azul e dado vermelho ⌐ e fizessem uma tabela de dupla entrada com todos os casos (somas) possíveis.

D		Dado Vermelho					
a		1	2	3	4	5	6
d	1	2	3	4	5	6	7
o	2	3	4	5	6	7	8
	3	4	5	6	7	8	9
A	4	5	6	7	8	9	10
z	5	6	7	8	9	10	11
u							
l	6	7	8	9	10	11	12

Os alunos observaram então que havia 36 casos elementares possíveis e organizaram um quadro com o número de casos favoráveis para cada resultado. Vejamos quem tem realmente a vantagem...

Resultados	2	3	4	5	6	7	8	9	10	11	12
Casos favoráveis	1	2	3	4	5	6	5	4	3	2	1

O jogador (equipe) A ganha se sair 5, 6, 7 ou 8.
Os casos favoráveis a A são 4 + 5 + 6 + 5 = 20.
O jogador (equipe) B ganha saindo 2, 3, 4, 9, 10, 11 ou 12.
Os casos favoráveis a B são 1 + 2 + 3 + 4 + 3 + 2 + 1 = 16.

Concluíram então que o jogo é favorável ao jogador A, apesar de só lhe servirem quatro resultados. A probabilidade de ele ganhar uma jogada é $\frac{20}{36}$ ou 55,6%. Para o jogador B, a probabilidade de ganhar é $\frac{16}{36}$ ou 44,4%.

2. Origem Histórica

É possível quantificar o acaso?

Para iniciar, vamos considerar algumas hipóteses: Rita espera ansiosamente o nascimento de seu filho, mas ela ainda não sabe qual será o sexo da criança. Em outro caso, antes do início de um jogo de futebol, o juiz tira "cara ou coroa" com uma moeda para definir o time que ficará com a bola. Numa terceira hipótese, toda semana, milhares de pessoas arriscam a sorte na loteria. Problemas como os acima são, hoje, objeto de estudo das probabilidades.

Os primeiros estudos envolvendo probabilidades foram motivados pela análise de jogos de azar. Sabe-se que um dos primeiros matemáticos que se ocupou com o cálculo das probabilidades foi Cardano (1501-1576). Data dessa época (na obra Liber Ludo Alae) a expressão que utilizamos até hoje para o cálculo da probabilidade de um evento (número de casos favoráveis dividido pelo número de casos possíveis). Posteriormente tal relação foi difundida e conhecida como relação de Laplace.

Com Fermat (1601-1665) e Pascal (1623-1662), a teoria das probabilidades começou a evoluir e ganhar mais consistência, passando a ser utilizada em outros aspectos da vida social, como, por exemplo, auxiliando na descoberta da vacina contra a varíola no século XVIII.

Laplace foi, certamente, o que mais contribuiu para a teoria das probabilidades. Seus inúmeros trabalhos nessa área foram reunidos no monumental Tratado Analítico das Probabilidades, onde são introduzidas técnicas poderosas como a das funções geradoras, que são aproximações para probabilidades com o uso do cálculo integral.

Atualmente, a teoria das probabilidades é muito utilizada em outros ramos da Matemática (como o Cálculo e a Estatística), da Biologia (especialmente nos estudos da Genética), da Física (como na Física Nuclear), da Economia, da Sociologia, das Ciências Atuariais, da Informática, etc.

A roleta, um dos jogos de azar preferidos pelos apostadores nos cassinos, teve sua origem na França do século XVIII. É formada por 36 elementos dispostos em três colunas de 12 números e um espaço reservado para o zero. As chamadas apostas simples são: sair par ou sair ímpar, sair vermelho ou sair preto, e sair números menores (de 1 a 18) ou sair números maiores (de 19 a 36).

3. Probabilidades Discretas – Conceitos Básicos

3.1. Experimento Aleatório

Dizemos que um experimento qualquer é aleatório quando, se repetido diversas vezes nas mesmas condições, pode gerar resultados diferentes. Experimentos aleatórios acontecem a todo o momento no nosso cotidiano. Perguntas do tipo: será que vai chover? Qual será o resultado da partida de futebol? Quantos serão os ganhadores da Mega-Sena da semana?, são questões associadas a experimentos aleatórios e que dependem do acaso.

Experimentos aleatórios são o objeto de estudo do cálculo de probabilidades.

Outros exemplos: Lançamento de um dado e observar o número que aparece na face voltada para cima, lançamento de uma moeda, retirada de uma carta de um baralho, etc.

3.2. Espaço Amostral (ou de casos ou resultados):

O espaço amostral de uma experiência é o conjunto de todos os resultados possíveis.

Exemplos:
1) No lançamento de uma moeda, pode ocorrer cara (c) ou coroa(k). Assim, o espaço amostral é o conjunto E = {c, k}.
2) Em uma urna são colocadas fichas com todos os anagramas da MAR. O espaço amostral será o composto pelas fichas: { MAR, MRA, AMR, ARM, RAM, RMA }

Probabilidades | 91

Exercício

Escreva o espaço amostral dos seguintes experimentos aleatórios:

A) A: lançamento de um dado;

B) B: lançamento de uma moeda duas vezes;

C) C: lançamento de um dado e uma moeda;

D) D: nascimento de trigêmeos;

E) E: lançamento de dois dados distintos.

Resposta:
A) { 1, 2, 3, 4, 5, 6 }
B) {(c,c),(c,k),(k,c),(k,k)}
C) {(1,c),(1,k),(2,c),...(6,k)}

3.3. Acontecimento ou evento de um experimento aleatório

Evento de um experimento aleatório é qualquer subconjunto do espaço amostral.

Exemplos:

1) No lançamento de um dado e observando o número que aparece na face voltada para cima, sabemos que o espaço amostral é Ω = {1, 2, 3, 4, 5, 6}. Podemos citar vários eventos que podem ocorrer nesse experimento:

a) a face apresenta um número ímpar: E = {1, 3, 5 }
b) a face apresenta um número primo: E = { 2, 3, 5 }
c) a face apresenta um número menor que 2: E = { 1 }
d) a face apresenta um número negativo: E = { }

2) Utilizando o espaço amostral formado por todos os anagramas da palavra MAR: Ω = {MAR, MRA, AMR, ARM, RAM, RMA}, determine os eventos:

92 | Curso de Análise Combinatória e Probabilidade

a) retirar um anagrama que começa por vogal: E = {AMR, ARM}
b) retirar um anagrama terminado por consoante: E = {MAR, AMR, ARM, RAM}

> Observações: Tipos de Eventos:
>
> A) Evento Certo – é aquele que coincide com o espaço amostral. Esse evento é aquele que ocorrerá com certeza. Por exemplo, no lançamento de um dado com as faces numeradas de 1 a 6, qual é a probabilidade de sair um número menor que 7?
>
> B) Evento Impossível – é aquele representado por um conjunto vazio. Esse evento nunca ocorrerá num dado espaço amostral. Por exemplo, no lançamento de um dado com as faces numeradas de 1 a 6, qual é a probabilidade de sair um número negativo?
>
> C) Evento complementar: Dados dois eventos, A e B, dizemos que B é o evento complementar de A se B ocorrer apenas se A não ocorrer. Por exemplo, no lançamento de um dado, os eventos "sair um número par" e "sair um número ímpar" são complementares. Também são complementares os eventos "sair um número menor que 4" e "sair um número maior ou igual a 4". Em geral representaremos dois eventos complementares por A e $\overline{A}$.
>
> D) Evento elementar: É aquele formado por um único elemento de um dado espaço amostral. Por exemplo, ao lançarmos um dado, o evento "sair um número primo que seja par" é constituído por um único elemento.

Exercício

Considerando cada experimento aleatório, determine os eventos a seguir:

I) A: lançamento de um dado e observação da face voltada para cima
   E_1 : ocorrer um número par;
   E_2 : ocorrer um número maior que 4
   E_3 : ocorrer um número divisível por 3
   E_4 : ocorrer um número negativo

II) B: lançamento de uma moeda duas vezes
E_1 : ocorrer cara no primeiro lançamento
E_2 : ocorrer cara em um dos lançamentos

III) C: nascimento de trigêmeos
E_1 : as três crianças são do mesmo sexo
E_2 : nascer pelo menos duas meninas

Respostas:
I) {2,4,6} ; {5,6}; {3,6}; { }
II) {(c,c),(c,k)}; {(c,c),(c,k),(k,c)}
III) {(m,m,m), (h,h,h)}; {(h, m ,m),(m, h, m),(m, m, h),(m, m, m)}

4. Conceito de Probabilidade

Probabilidade de um Evento Elementar

Definição
Consideremos um experimento aleatório cujo espaço amostral é S:

$$S = \{e_1, e_2, e_3, ..., e_n\}$$

A probabilidade de ocorrência de cada evento elementar $\{e_k\}$, $1 \le k \le n$, desse experimento é um número real p_k que satisfaz estas duas condições:

1^a) $p_k > 0 \ \forall \ k \in \{ 1; 2; 3; ...; n\}$, isto é, $p_1 > 0, p_2 > 0, p_3 > 0, ..., p_n > 0$

2^a) $\displaystyle\sum_{k=1}^{n} p_k = 1$, isto é, $p_1 + p_2 + p_3 + ... + p_n = 1$

Exemplo
Considere um dado "viciado" no qual os números pares têm o dobro de chance de sair, em relação aos números ímpares. Determine a probabilidade de sair:
A) o número 2;
B) o número 3;
C) um número par;
D) um número maior que 3.

94 | Curso de Análise Combinatória e Probabilidade

Solução:
Primeiramente vamos considerar que a probabilidade de ocorrer cada número ímpar seja p e a de ocorrer cada número par seja 2p. Assim, podemos fazer a seguinte associação:

1	2	3	4	5	6
p	2p	p	2p	p	2p

Como a soma de todas as probabilidades de cada evento elementar é igual a 1, temos: $9p = 1 \rightarrow p = 1/9$

Agora é simples responder os itens propostos:

A) ocorrer o número 2: $2p = 2/9$
B) ocorrer o número 3: $p = 1/9$
C) ocorrer um número par: $6p = 6/9 = 2/3$
D) ocorrer um número maior que 3: $5p = 5/9$

5. Espaço Amostral Eqüiprovável

Definição
O espaço amostral de um experimento aleatório é chamado equiprovável, se todos os seus eventos elementares têm a mesma probabilidade de ocorrência.

Dessa definição decorre a seguinte propriedade

Se um experimento aleatório, de espaço amostral equiprovável, pode ter n resultados diferentes, então a probabilidade de ocorrência de qualquer um de seus eventos elementares é igual a $\dfrac{1}{n}$.

De fato, seja $S = \{e_1, e_2, e_3, ..., e_n\}$, o espaço amostral de um experimento aleatório. Se S é equiprovável, então todos os eventos elementares $\{e_1\}$, $\{e_2\}$, $\{e_3\}$, ..., $\{e_n\}$, têm a mesma probabilidade p de ocorrência. Isto é:

$$p_1 = p_2 = p_3 = ... = p_n = p$$

Assim,
$$p_1 = p_2 = p_3 = ... = p_n = p$$

Assim,

$$p + p + p + \ldots + p = 1 \rightarrow \therefore n \cdot p = 1 \text{ ou ainda } p = \frac{1}{n}$$

6. Probabilidade de um Evento Qualquer

Podemos agora generalizar a definição de probabilidade para eventos não-elementares.

Definição

Seja A um evento qualquer não-elementar, de um experimento aleatório. A probabilidade de ocorrência do evento A, denotada por $P(A)$, é assim definida:

Se $A = \emptyset$, então $P(A) = 0$

Se $A \neq \emptyset$, então $P(A)$ é a soma das probabilidades de ocorrências dos elementos de A.

Suponha que um experimento aleatório, de espaço amostral equiprovável, tenha n resultados possíveis.

$S = \{e_1, e_2, e_3, \ldots, e_m, \ldots, e_n\}$

Se A é um evento de S com m elementos,

$A = \{e_1, e_2, e_3, \ldots, e_m\}$

temos:

$$P(A) = p_1 + p_2 + p_3 + \ldots + p_m$$

$$P(A) = \underbrace{\frac{1}{n} + \frac{1}{n} + \frac{1}{n} + \cdots \frac{1}{n}}_{m \text{ parcelas}} = \frac{m}{n}.$$

Esse resultado pode ser escrito da seguinte forma.

$$P(A) = \frac{n(A)}{n(S)}$$

Por fim, como A é um subconjunto de S, é claro que: $0 \leq n(A) \leq n(S)$

Dividindo os três membros dessas desigualdades por $n(S)$, teremos:

$$\frac{0}{n(S)} \leq \frac{n(A)}{n(S)} \leq \frac{n(S)}{n(S)} \qquad \boxed{\therefore 0 \leq p(A) \leq 1.}$$

96 | Curso de Análise Combinatória e Probabilidade

Dizemos que cada elemento de um evento A é um caso favorável à ocorrência de A. E já que S é o conjunto de todos os resultados possíveis para o experimento, a probabilidade de ocorrer A pode também ser expressa assim.

$$P(A) = \frac{\text{número de casos favoráveis a A}}{\text{número de resultados possíveis}}$$

Exercícios

1) No lançamento de dois dados de cores diferentes, e observando-se os números voltados para cima, determine a probabilidade de:

A) a soma ser igual a 8;
B) saírem faces iguais;
C) uma das faces ser o dobro da outra;
D) a soma dos números ser maior que 12.

Solução:

O espaço amostral desse experimento possui 36 elementos, pois pelo princípio fundamental da contagem, sabemos que no lançamento do primeiro dado há 6 possibilidades e que no lançamento do segundo dado, para cada uma dessas 6, também há 6 possibilidades.

A) Evento: soma dos números é igual a 8:
$\{(2, 6);(6, 2);(3, 5);(5, 3);(4, 4)\} \rightarrow n(E) = 5$
$P(E) = 5/36$

B) Evento: saírem duas faces iguais: $n(E) = 6$
$P(E) = 6/36 = 1/6$

C) Evento: uma das faces ser o dobro da outra:
$\{ (1, 2);(2, 1);(2, 4);(4, 2);(3, 6);(6, 3) \}$
$P(E) = 6/36 = 1/6$

D) Evento: soma dos números ser maior que 12: sabemos que no máximo a soma pode ser 12; logo E = { }.
P(E) = 0/36 = 0

2) Em uma urna existem 20 fichas numeradas de 1 a 20. Retirando-se uma ficha dessa urna, determine a probabilidade do número retirado ser:

A) primo;
B) múltiplo de 6;
C) par;
D) menor que 7;
E) primo ou múltiplo de 6;
F) ímpar maior que 7.

3) Retirando-se duas cartas de um baralho, determine a probabilidade de:

A) saírem 2 ases;
B) saírem duas cartas com figuras;
C) saírem duas cartas de copas;

Respostas:
1) 5/36; 1/6; 1/6; 0
2) 40%; 15%; 50%; 30%; 55%; 30%
3) 1/221; 11/221; 1/17

7. Probabilidade da União de Eventos:

Se A e B são dois eventos quaisquer de um experimento aleatório de espaço amostral S, então $n(A \cup B) = n(A) + n(B) - n(A \cap B)$.

Então, dividindo ambos os membros dessa igualdade por $n(S)$, temos:

$$\frac{n(A \cup B)}{n(S)} = \frac{n(A)}{n(S)} + \frac{n(B)}{n(S)} - \frac{n(A \cap B)}{n(S)} \therefore$$

$$P(A \cup B) = P(A) + P(B) - P(A \cap B)$$

Exemplo

Em uma urna foram colocadas 10 fichas numeradas de 1 a 10. Retirando-se uma dessas fichas, qual a probabilidade de obtermos um número ímpar ou maior que 6?

Solução:

Esse evento é composto por dois eventos: A – obter-se um número ímpar e B – obter-se um número maior que 6.

Podemos então escrever: A = { 1, 3, 5, 7, 9 } e B = { 7, 8, 9, 10 }. A probabilidade de sair um número ímpar ou maior que 6 é exatamente a probabilidade da união desses dois eventos. Para calcularmos essa probabilidade precisamos, ainda, determinar o conjunto $A \cap B = \{ 7, 9 \}$

Logo,

$P(A) = 5/10; P(B) = 4/10; P(A \cap B) = 2/10;$

logo: $P(A \cup B) = \dfrac{5}{10} + \dfrac{4}{10} - \dfrac{2}{10} = \dfrac{7}{10}$

8. Eventos Mutuamente Exclusivos

Pode ocorrer que dois eventos A e B de um experimento aleatório não tenham elementos comuns, ou seja, $A \cap B = \varnothing$. Nesse caso temos $P(A \cap B) = 0$.

Logo, $P(A \cup B) = P(A) + P(B)$

9. Probabilidade de não Ocorrer um Evento

Representaremos por $\overline{A}$ (A traço), a negação do evento A, ou o evento complementar de A.

$\overline{A}$ é denominado evento complementar de A em relação a S e $\overline{A} = S - A$.

De modo mais simples, dizemos apenas que A e $\overline{A}$ são eventos complementares.

Como A e $\overline{A}$ são eventos mutuamente exclusivos

$A \cup \overline{A} = S$

$P(A \cup \overline{A}) = P(S)$

$P(A) + P(\overline{A}) = 1$

Ou ainda,

$P(\overline{A}) = 1 - P(A)$

Exemplo:
No lançamento de dois dados distinguíveis, qual a probabilidade da soma não ser igual a 7.
Solução:
Podemos considerar esse evento como sendo o complementar do evento "a soma obtida ser igual a 7"
Assim, determinando a probabilidade do evento A: "a soma obtida ser igual a 7" temos:

$P(A) = \dfrac{6}{36} = \dfrac{1}{6}$. Daí, a probabilidade o evento complementar será

$P(\overline{A}) = 1 - \dfrac{1}{6} = \dfrac{5}{6}$.

Exercício

No lançamento de um dado e uma moeda, determine a probabilidade de:

A) ocorrer coroa;
B) ocorrer o número 5;
C) ocorrer número ímpar;
D) ocorrer coroa e o número 5;
E) ocorrer coroa ou o número 5;
F) ocorrer coroa e um número ímpar;
G) não ocorrer coroa;
H) não ocorrer o número 5;
I) não ocorrer coroa e ocorrer o número 5;
J) não ocorrer coroa e não ocorrer o número 5

100 | Curso de Análise Combinatória e Probabilidade

Solução:

Espaço Amostral:

Lançamento do dado: 6 possibilidades $\{1, 2, 3, 4, 5, 6\}$;   Lançamento da moeda: 2 possibilidades (cara = c ou coroa = k); logo o espaço amostral possui $6 . 2 = 12$ elementos:

$\Omega = \{ (1, c), (1, k), (2, c), (2, k), (3, c), (3, k), (4, c), (4, k), (5, c), (5, k), (6, c), (6, k) \}$

A) $6/12 = 1/2$

B) $2/12 = 1/6$

C) $6/12 = 1/2$

D) $1/12$

E) coroa: $6/12$; número 5: $2/12$; coroa e número 5: $1/12$ $\to$ coroa ou o número 5: $\dfrac{6}{12} + \dfrac{2}{12} - \dfrac{1}{12} = \dfrac{7}{12}$

F) $\{(1, k), (3, k), (5, k) \} \to 3/12 = 1/4$

G) é o complemento de ocorrer coroa (item a) : $1 - \dfrac{1}{2} = \dfrac{1}{2}$

H) é o complemento de ocorrer o 5 (item b) : $1 - \dfrac{1}{6} = \dfrac{5}{6}$

I) não ocorrer coroa e ao mesmo tempo ocorrer o número 5 equivale a ocorrer cara e o número 5: $1/12$

Comentário:

Da Lógica, sabemos que dadas duas proposições p e q, ~p indica a negação de p (ou o complemento de p) e ainda que é válida a identidade: $\sim p \wedge q \equiv \sim (p \vee \sim q)$

Logo, se considerarmos p = probabilidade de ocorrer coroa e q = probabilidade de ocorrer o número 5, podemos interpretar o item (i) como sendo a probabilidade complementar de ocorrer coroa ou não ocorrer o número 5. Assim teremos:

P(p) : Ocorrer coroa: $6/12$

P(~q) : Não ocorrer o 5: $10/12$

P(p $\wedge$ ~q) : Ocorrer coroa e não ocorrer o 5: $5/12$

Logo, ocorrer coroa ou não ocorrer o 5 é dado por: $P(p \vee \sim q) = \frac{6}{12} + \frac{10}{12} - \frac{5}{12} = \frac{11}{12}$. A probabilidade complementar será $1 - \frac{11}{12} = \frac{1}{12}$.

j) Não ocorrer coroa e não ocorrer o número 5 equivale a ocorrer cara com qualquer número que não seja o 5: { (c, 1), (c, 2), (c, 3), (c, 4), (c, 6) }: 5/12

Comentário:
Utilizando o mesmo raciocínio da lógica desenvolvido anteriormente, $\sim p \wedge \sim q$ é equivalente a $\sim (p \vee q)$, que seria, então, a probabilidade complementar de ocorrer coroa ou o número 5 (item e) : $1 - \frac{7}{12} = \frac{5}{12}$

10. Probabilidade Condicional

Denomina-se probabilidade condicional, a probabilidade de ocorrer o evento B, dado que ocorreu o evento A, ou ainda, probabilidade de B dado A, e representaremos pelo símbolo, P(B | A).

Vamos analisar a probabilidade condicional no caso geral.

Sejam A e B dois eventos de um experimento aleatório de espaço amostral S. Queremos calcular a probabilidade de ocorrer B, dado que ocorreu A.

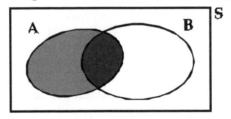

Note que os casos favoráveis à ocorrência de B são apenas aqueles que se encontram na intersecção de A e B.

Isto é, o número de casos favoráveis à ocorrência de B, dado que ocorreu A, é $n(A \cap B)$. Por outro lado, se já se sabe que ocorreu o evento A, o número de resultados possíveis para o experimento fica reduzido a n(A).

Em outras palavras, quando se trata da probabilidade condicional de ocorrer B, dado que já ocorreu A, o espaço amostral original do experimento sofre uma restrição, passando a ser o conjunto A

102 | Curso de Análise Combinatória e Probabilidade

Então:

$$P(B \mid A) = \frac{\text{número de casos favoráveis}}{\text{número de resultados possíveis}} \qquad \therefore$$

$$P(B \mid A) = \frac{n(A \cap B)}{n(A)}$$

Por fim, dividindo o numerador e o denominador do segundo membro desta igualdade por n(S), teremos:

$$P(B \mid A) = \frac{\dfrac{n(A \cap B)}{n(S)}}{\dfrac{n(A)}{n(S)}} \quad \text{e daí: } P(B \mid A) = \frac{P(A \cap B)}{P(A)}$$

ou ainda,

$P(A \cap B) = P(A) \cdot P(B \mid A)$, se A e B são eventos independentes, então $P(A \cap B) = P(A) \cdot P(B)$

Pois são independentes os eventos em que a ocorrência de um deles não depende da ocorrência do outro, ou seja, $P(B \mid A) = P(B)$.

Observação: É claro que as questões sobre probabilidade condicional, na maioria das vezes, não precisam do uso da fórmula acima determinada, basta que façamos no conjunto Universo as restrições necessárias ao fato de que só estamos interessados na ocorrência do evento B, sabendo que já ocorreu o evento A.

Exercícios Resolvidos

1) Em uma urna foram colocadas 10 fichas numeradas de 1 a 10. Retirando-se ao acaso uma dessas fichas, calcule:

A) a probabilidade de o número ser par, sabendo que ele é maior que 7.

B) a probabilidade de o número ser maior que 7, dado que ele é par.

Probabilidades | 103

Solução:

A) Utilizando a fórmula apresentada acima, temos:

A – o número é maior que 7 : A = {8, 9, 10}

B – o número é par : B = {2, 4, 6, 8, 10}

A ∩ B = {8, 10}

$$P(B \mid A) = \frac{P(A \cap B)}{P(A)} = \frac{\frac{2}{10}}{\frac{3}{10}} = \frac{2}{3}$$

Esse exercício poderia ser resolvido sem o uso da fórmula, como comentamos anteriormente, bastando fazer a restrição conveniente do Universo. Veja:

O espaço amostral inicial é o conjunto Ω = {1, 2, 3, 4, 5, 6, 7, 8, 9, 10}. Observe que o problema fornece uma informação que irá restringir esse espaço. A informação de que o número retirado é maior que 7 nos leva a trabalhar apenas com as possibilidades Ω' = {8, 9, 10}. Logo, a probabilidade do número ser par, nesse espaço amostral é 2/3.

B) Agora a informação inicial é de que o número retirado é par. Então o novo espaço amostral é: Ω' = {2, 4, 6, 8, 10}

Logo, a probabilidade do número ser maior que 7 dado que ele é par será: 2/5.

2) Sorteando um número do conjunto {1, 2, 3, ..., 20}, qual é a probabilidade de esse número ser múltiplo de 5, sabendo que é par? Qual a probabilidade de ser par, sabendo que é múltiplo de 5?

Solução:

No primeiro caso temos a informação complementar de que o número é par. Logo o espaço amostral será: Ω = {2, 4, 6, ... , 20} ou seja, n(Ω) = 10. Nesse conjunto há apenas 2 números que são múltiplos de 5: {10, 20}. Logo a probabilidade pedida é de 2/10 = 1/5

No segundo caso, foi informado que o número é múltiplo de 5. Então o espaço amostral passa a ser: Ω = { 5, 10, 15, 20 }. A probabilidade de o número ser par, dado que ele é múltiplo de 5 será, então, 2/4 = 1/2.

3) Lançam-se dois dados distingüíveis. Qual é a probabilidade de o número no primeiro dado ser 4, sabendo que os números obtidos são pares?

104 | Curso de Análise Combinatória e Probabilidade

Solução:

A informação que restringe o espaço amostral é a de que os números obtidos são pares. Logo, em vez de trabalhar com o espaço todo [n(Ω) = 36] podemos utilizar n(Ω) = 9, pois Ω = { (2, 2), (2, 4), (2, 6), (4, 2), (4, 4), (4, 6), (6, 2), (6, 4), (6, 6) }

Logo a probabilidade pedida é: 3/9 = 1/3

11. Distribuição Binomial em Probabilidades

Consideremos um experimento com apenas dois resultados possíveis, que chamaremos de sucesso e seu complementar, que chamaremos de fracasso. Vamos representar por s, a probabilidade de ocorrência do sucesso e por f = 1 – s, a probabilidade de ocorrência do fracasso.

Por exemplo:

Jogamos um dado honesto e consideramos sucesso a obtenção dos números 3 ou 4. O fracasso será constituído dos resultados: 1, 2, 5 ou 6. Teremos, nesse caso, $s = \dfrac{2}{6} = \dfrac{1}{3}$ e $f = \dfrac{4}{6} = \dfrac{2}{3}$.

Note, nos dois exemplos apresentados que s + f = 1 ou 100%.

Temos o seguinte teorema, denominado Teorema Binomial em Probabilidade:

"A probabilidade de ocorrerem exatamente k sucessos em uma seqüência de n provas independentes, na qual a probabilidade de sucesso em cada prova é s e a de fracasso é f = 1 - s, é igual a $C_{n,k} \cdot s^k . f^{n-k}$."

Vamos fixar da seguinte forma: obtenção dos sucessos nas k primeiras provas e dos fracassos, nas n – k provas seguintes. Dessa forma, aplicando o princípio multiplicativo, teremos a probabilidade s.s.s..... (k fatores). f.f.f.f... (n – k) fatores, ou seja: $s^k . f^{n-k}$.

É claro que, em outra ordem, a probabilidade seria a mesma pois apenas a ordem dos fatores se alteraria. A probabilidade de obtermos k sucessos e n – k fracassos, em uma determinada ordem é: $s^k . f^{n-k}$. Como temos $C_{n,k}$ ordens

Probabilidades | 105

possíveis, teremos o resultado esperado: $C_{n,k} \cdot s^k \cdot f^{n-k}$ ou equivalentemente $\begin{pmatrix} n \\ k \end{pmatrix} \cdot [P(A)]^k \cdot [P(\overline{A})]^{n-k}$

Exercícios Resolvidos

1) Em uma urna há 6 bolas idênticas, numeradas de 1 a 6. Uma bola é retirada dessa urna, seu número é observado e a bola é reposta na urna. Repetindo-se esse experimento 5 vezes, qual a probabilidade de sair:

a) exatamente 3 vezes o número 6?
b) somente números pares

Solução:
a) Seja A o evento "sair o número 6" ; conseqüentemente, $\overline{A}$ será o evento "não sair o número 6". Logo, $P(A) = 1/6$ e $P(\overline{A}) = 5/6$.

Devemos observar que as soluções desse problema serão seqüências com 5 elementos, arrumados em qualquer ordem, por exemplo, A, A, $\overline{A}$, A, ou $\overline{A}$, $\overline{A}$, A, A, A são seqüências possíveis. O número binomial $\begin{pmatrix} 5 \\ 3 \end{pmatrix} = \frac{5!}{3!\,2!} = P_5^{3,2}$ dá exatamente o total de ordenações que podem ser feitas.

Assim, utilizando a fórmula acima, teremos: $\begin{pmatrix} 5 \\ 3 \end{pmatrix} \left(\frac{1}{6}\right)^3 \cdot \left(\frac{5}{6}\right)^{5-3} = \frac{250}{6^5}$

b) Nesse caso, vamos considerar A o evento "sair número par" e , "não sair número par".
$P(A) = 3/6 = 1/2$ e $P(\overline{A}) = 1/2$.
Logo a probabilidade de sair somente números pares será:
$\begin{pmatrix} 5 \\ 5 \end{pmatrix} \left(\frac{1}{2}\right)^5 \cdot \left(\frac{1}{2}\right)^0 = \frac{1}{32}$

2) Lançando-se uma moeda 4 vezes, qual é a probabilidade de ocorrerem exatamente 3 caras?

106 | Curso de Análise Combinatória e Probabilidade

Solução:

Sucesso: Sair cara $p = \dfrac{1}{2}$ e fracasso, sair coroa $p = \dfrac{1}{2}$.

$$\binom{4}{3} \left(\frac{1}{2}\right)^3 \cdot \left(\frac{1}{2}\right)^1 = \frac{4}{16} = \frac{1}{4} = 25\%$$

3) Qual é a probabilidade, de numa família com 4 crianças, serem:

A) no mínimo 3 meninas?
B) no máximo duas meninas?

Solução:

A) no mínimo 3 meninas, podemos ter 3 meninas ou 4 meninas. A probabilidade de ser menina é igual a 1/2 e a de ser menino (não ser menina) também é 1/2. Teremos então de resolver as duas possibilidades (3 meninas) e (4 meninas) e somar os resultados obtidos.

Logo, teremos: $\binom{4}{3} \left(\frac{1}{2}\right)^3 \cdot \left(\frac{1}{2}\right)^1 + \binom{4}{4} \left(\frac{1}{2}\right)^4 \cdot \left(\frac{1}{2}\right)^0 = \frac{4}{16} + \frac{1}{16} = \frac{5}{16}$

B) No máximo duas meninas, teremos 2 meninas, uma menina ou nenhuma menina. Logo, teremos:

$$\binom{4}{2} \left(\frac{1}{2}\right)^2 \cdot \left(\frac{1}{2}\right)^2 + \binom{4}{1} \left(\frac{1}{2}\right)^1 \cdot \left(\frac{1}{2}\right)^3 + \binom{4}{0} \left(\frac{1}{2}\right)^0 \cdot \left(\frac{1}{2}\right)^4 = \frac{11}{16}$$

4) Um aluno vai fazer uma prova de múltipla escolha com 5 questões, cada questão com 4 opções, sendo apenas uma das opções correta. Se ele "chutar" todas as questões, qual é a probabilidade de:

A) ele errar todas as questões?
B) ele acertar apenas duas questões?
C) ele acertar apenas as duas primeiras questões?

Solução:

Seja $\underline{A}$ a probabilidade do aluno acertar uma questão: $P(A) = 1/4$
Seja $\overline{A}$ a probabilidade do aluno errar uma questão: $P(B) = 3/4$

A) $\dbinom{5}{0} \left(\dfrac{1}{4}\right)^{0} \cdot \left(\dfrac{3}{4}\right)^{5} = \dfrac{243}{1024}$;

B) $\dbinom{5}{2} \left(\dfrac{1}{4}\right)^{2} \cdot \left(\dfrac{3}{4}\right)^{3} = \dfrac{270}{1024}$

C) Atenção para esse caso, pois aqui a ordem é importante, pois foi estabelecido que ele deve acertar apenas as duas primeiras, isto é, só é admitida a seqüência A, A, $\overline{A}$, $\overline{A}$, $\overline{A}$. Assim, não será necessário calcular o binomial $\dbinom{5}{2}$. Assim, teremos somente $\left(\dfrac{1}{4}\right)^{2} \cdot \left(\dfrac{3}{4}\right)^{3} = \dfrac{27}{1024}$

As Três Principais Formas
de Definição de Probabilidades

A) Definição Clássica:

A probabilidade de um acontecimento (evento) E, que é um subconjunto finito de um espaço amostral S, de resultados igualmente prováveis, é:

$$p(E) = \dfrac{n(E)}{n(S)}$$

Sendo $n(E)$ e $n(S)$ as quantidades de elementos de E e de S, respectivamente.

Exemplo:

A) Qual a probabilidade de, ao lançarmos dois dados distintos, a soma dos dois números ser 7?

Solução:

O Espaço amostral será aqui representado pelos 36 pares ordenados representativos das pontuações possíveis desses dois dados. Poderemos representá-lo por uma tabela de dupla entrada, vejamos:

dados	1	2	3	4	5	6
1	(1,1)	(1,2)	(1,3)	(1,4)	(1,5)	(1,6)
2	(2,1)	(2,2)	(2,3)	(2,4)	(2,5)	(2,6)
3	(3,1)	(3,2)	(3,3)	(3,4)	(3,5)	(3,6)
4	(4,1)	(4,2)	(4,3)	(4,4)	(4,5)	(4,6)
5	(5,1)	(5,2)	(5,3)	(5,4)	(5,5)	(5,6)
6	(6,1)	(6,2)	(6,3)	(6,4)	(6,5)	(6,6)

Assinalamos os pares ordenados que atendem à condição proposta (soma 7), logo, a probabilidade pedida será: $p = \dfrac{6}{36} = \dfrac{1}{6} \cong 16,67\ \%$

Crítica à Definição Clássica

C) A definição clássica é dúbia, já que a idéia de "igualmente provável" é a mesma de "com probabilidade igual", isto é, a definição é circular, porque usa na definição de probabilidade o próprio termo "probabilidade".

D) A definição não pode ser aplicada quando o espaço amostral é infinito.

B) A Definição de Probabilidade como Freqüência Relativa

Na prática acontece que nem sempre é possível determinar a probabilidade de um evento. Qual a probabilidade de um avião cair? Qual a probabilidade de que um carro seja roubado? Qual a probabilidade de que um licenciando de matemática termine o seu curso? Respostas para esses problemas são fundamentais, mas como não podemos calcular essas probabilidades pela definição clássica, tudo o que podemos fazer é observar com que freqüência esses fatos ocorrem. Com um grande número de observações, podemos obter uma boa estimativa da probabilidade de ocorrência desse tipo de eventos.

Freqüência relativa de um evento

Seja E um experimento e A um evento de um espaço amostral associado ao experimento E. Suponha-se que E seja repetido "n" vezes e seja "m" o número de vezes que A ocorre nas "n" repetições de E. Então a freqüência relativa do evento A, anotada por fr_A, é o quociente:

$$fr_A = \frac{m}{n} = \frac{\text{número de vezes que A ocorre}}{\text{número de vezes que E é repetido}}$$

Exemplo

(i) Uma moeda foi lançada 200 vezes e forneceu 102 caras. Então a freqüência relativa de "caras" é:

$fr_A = 102 / 200 = 0,51 = 51\%$

(ii) Um dado foi lançado 100 vezes e a face 6 apareceu 18 vezes. Então a freqüência relativa do evento A = {face 6} é:

$fr_A = 18 / 100 = 0,18 = 18\%$

Propriedades da freqüência relativa

Seja E um experimento e A e B dois eventos de um espaço amostral associado S. Sejam fr_A e fr_B as freqüências relativas de A e B respectivamente. Então:

1) $0 \le fr_A \le 1$, isto é, a freqüência relativa do evento A é um número que varia entre 0 e 1.
2) $fr_A = 1$ se e somente se, A ocorre em todas as "n" repetições de E.
3) $fr_A = 0$, se e somente se, A nunca ocorre nas "n" repetições de E.
4) $fr_{AUB} = fr_A + fr_B$ se A e B forem eventos mutuamente excludentes.

Definição de probabilidade como freqüência:

Seja E um experimento e A um evento de um espaço amostral associado S. Suponhamos que E é repetido "n" vezes e seja fr_A a freqüência relativa do evento. Então a probabilidade de A é definida como sendo o limite de fr_A quando "n" tende ao infinito. Ou seja:

$$P(A) = \lim_{n \to \infty} fr_A$$

Deve-se notar que a freqüência relativa do evento A é uma aproximação da probabilidade de A. As duas se igualam apenas no limite. Em geral, para

110 | Curso de Análise Combinatória e Probabilidade

um valor de n, razoavelmente grande a fr_A é uma boa aproximação de P(A). É o que chamamos de "Lei dos grandes números".

Crítica à Definição Freqüencial
Essa definição, embora útil na prática, apresenta dificuldades matemáticas, pois o limite pode não existir. Em virtude dos problemas apresentados pela definição clássica e pela definição freqüencial, foi desenvolvida uma teoria moderna.

C) Definição axiomática de probabilidade
Seja E um experimento aleatório com um espaço amostral associado S. A cada evento $A \subset S$ associa-se um número real, representado por P(A) e denominado "probabilidade de A", que satisfaz as seguintes propriedades (axiomas):

A) $0 \leq P(A) \leq 1$;
B) $P(S) = 1$;
C) $P(A \cup B) = P(A) + P(B)$ se A e B forem eventos mutuamente excludentes.
D) Se $A_1, A_2, ..., A_n, ...,$ forem, dois a dois, eventos mutuamente excludentes,

então: $P\left(\bigcup_{i=1}^{n} A_i \right) = \sum_{i=1}^{n} P(A_i)$

Conseqüências dos axiomas (propriedades)

(i) $P(\varnothing) = 0$

Prova
Seja $A \subseteq S$ então tem-se que $A \cap \varnothing = \varnothing$, isto é, A e $\varnothing$ são mutuamente excludentes. Então:
$P(A) = P(A \cup \varnothing) = P(A) + P(\varnothing)$, pela propriedade 3.
Cancelando P(A) em ambos os lados da igualdade segue que $P(\varnothing) = 0$.

(ii) Se A e $\overline{A}$ são eventos complementares então: $P(A) + P(\overline{A}) = 1$ ou $P(\overline{A}) = 1 - P(A)$

Prova
Tem-se que $A \cap \overline{A} = \varnothing$ e $A \cup \overline{A} = S$. Então:

Probabilidades | 111

$1 = P(S) = P(A \cup \overline{A}) = P(A) + P(\overline{A})$, pela propriedade 3.

(iii) Se $A \subseteq B$ então $P(A) \leq P(B)$

Prova

Tem-se: $B = A \cup (B - A)$ e $A \cap (B - A) = \varnothing$

Assim $P(B) = P(A \cup (B - A)) = P(A) + P(B - A)$ e como $P(B - A) \geq 0$ segue que: $P(B) \geq P(A)$

(iv) Se A e B são dois eventos quaisquer então: $P(A - B) = P(A) - P(A \cap B)$

Prova

$A = (A - B) \cup (A \cap B)$ e $(A - B) \cap (A \cap B) = \varnothing$

Logo $P(A) = P((A - B) \cup (A \cap B)) = P(A - B) + P(A \cap B)$. Do que segue: $P(A - B) = P(A) - P(A \cap B)$.

(v) Se A e B são dois eventos quaisquer de S, então: $P(A \cup B) = P(A) + P(B) - P(A \cap B)$

Prova

$A \cup B = (A - B) \cup B$ e $(A - B) \cap B = \varnothing$. Tem-se então:

$P(A \cup B) = P((A - B) \cup B) = P(A - B) + P(B) = P(A) + P(B) - P(A \cap B)$, pela propriedade (iv).

(vi) $P(A \cup B \cup C) =$
$P(A) + P(B) + P(C) - P(A \cap B) - P(A \cap C) - P(B \cap C) + P(A \cap B \cap C)$

Prova

Faz-se $B \cup C = D$ e aplica-se a propriedade (v) duas vezes.

(vii) Se $A_1, A_2, ..., A_n$ são eventos de um espaço amostra S, então:

$$P(A_1 \cup A_2 \cup ... \cup A_n) = P(\bigcup_{i=1}^{n} A_i) =$$

$$\sum_{i=1}^{n} P(A_i) - \sum_{i<j=2}^{n} P(A_i \cap A_j) + \sum_{i<j<r=3}^{n} P(A_i \cap A_j \cap A_r) + ... + (-1)^{k+1}.P(A_1 \cap A_2 \cap ... \cap A_k)$$

112 | Curso de Análise Combinatória e Probabilidade

Exercícios

1) Formam-se todos os números de 2 algarismos distintos, usando os números primos de 0 a 10.
Se escolhermos, aleatoriamente, um dos números formados, a probabilidade dele ser par é:

A) 1/10   D) 1/5
B) 1/4   E) nula
C) 1/2

2) Dois dados perfeitos, um verde e um vermelho são lançados ao acaso. A probabilidade de que a soma dos resultados obtidos seja 4 ou 5, é:

A) $\dfrac{7}{18}$ D) $\dfrac{7}{12}$

B) $\dfrac{1}{18}$ E) $\dfrac{4}{9}$

C) $\dfrac{7}{36}$

3) Escolhido ao acaso um elemento do conjunto dos divisores positivos de 48, a probabilidade de que ele seja múltiplo de 6 é:

A) $\dfrac{1}{10}$ D) $\dfrac{2}{5}$

B) $\dfrac{1}{5}$ E) 1

C) $\dfrac{3}{10}$

4) Escolhido ao acaso um elemento do conjunto dos divisores positivos de 20, a probabilidade de que ele seja primo é de:

A) $\dfrac{1}{6}$ D) $\dfrac{3}{4}$

B) $\dfrac{1}{5}$ E) $\dfrac{1}{3}$

C) $\dfrac{2}{3}$

5) Uma professora de ensino fundamental manda seus alunos (que só conhecem números inteiros e positivos) escreverem em pedaços de papel os divisores de 12 e colocarem dentro de um saco. A seguir, manda fazer o mesmo com os divisores de 18. Então, manda um aluno retirar um papelzinho do saco. A probabilidade de o número sorteado ser um divisor comum a 12 e 18 é:

A) 1/4   D) 2/3
B) 1/3   E) 3/4
C) 1/2

6) (UFRJ) Em uma cidade, há três revistas de noticiário semanal: 1, 2, 3. Na matriz $A = (a_{ij})$ abaixo, o elemento a_{ij} representa a probabilidade de um assinante trocar a assinatura da revista i para a revista j, na época da renovação.

$$A = \begin{bmatrix} 0{,}6 & 0{,}1 & 0{,}3 \\ 0{,}1 & 0{,}7 & 0{,}2 \\ 0{,}4 & 0{,}2 & 0{,}4 \end{bmatrix}$$

A) Qual a probabilidade de os assinantes da revista 2 trocarem da revista quando forem renovar a assinatura?

B) Quais os leitores menos satisfeitos com a revista que estão assinando?

7) (UFRJ) Um alvo é formado por três círculos concêntricos.

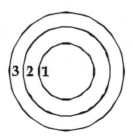

Uma flecha, ao ser lançada, pode atingir as regiões 1, 2 ou 3, ou não acertar o alvo; as probabilidades de um arqueiro atingir as regiões 1, 2, 3 são iguais a 1/10, 3/10, 1/2, respectivamente.
Um arqueiro lança três flechas. Determine a probabilidade de ele acertar somente duas flechas no alvo, ambas na região 3.

8) (UERJ) Um instituto de pesquisa colheu informações para saber as intenções de voto no segundo turno das eleições para governador de um determinado estado. Os dados estão indicados no quadro abaixo:

Intenção de voto	Percentual
Candidato A	26%
Candidato B	40%
Votos nulos	14%
Votos brancos	20%

Escolhendo-se aleatoriamente um dos entrevistados, verificou-se que ele não vota no candidato B. Qual a probabilidade de que esse eleitor vote em branco?

9) (UFRJ) Uma pessoa mistura as 28 peças de um dominó (foto) e retira, ao acaso, a peça 5 e 3. A mesma pessoa apanha outra peça sem repor a primeira. Determine a probabilidade de a segunda peça ter 2 ou 4.

Probabilidades | 115

10) (UNI-Rio) Considerando-se um hexágono regular e tomando-se ao acaso uma de suas diagonais, a probabilidade de que ela passe pelo centro do hexágono é de :

A) 1/9   D) 1/6
B) 1/3   E) 2/9
C) 2/3

11) De uma urna que contem 2 bolas vermelhas, 2 brancas e 2 verdes, retiramos 4 bolas sem repô-las. Qual a probabilidade de entre as bolas retiradas haver:

A) um par de bolas de mesma cor?
B) apenas 2 cores?

12) Um lote é constituído de 12 peças perfeitas e 5 defeituosas. Feita uma retirada de 3 peças, a probabilidade de serem 2 peças perfeitas e uma defeituosa é:

A) $\dfrac{5}{12}$ D) $\dfrac{7}{30}$

B) $\dfrac{3}{17}$ E) $\dfrac{33}{68}$

C) $\dfrac{3}{5}$

13) O dispositivo que aciona a abertura do cofre de uma joalheria apresenta um teclado com nove teclas, sendo cinco algarismos (0, 1, 2, 3, 4) e quatro letras (x, y, z, w). O segredo do cofre é uma seqüência de três algarismos seguidos de duas letras.
Qual a probabilidade de uma pessoa, em uma única tentativa, ao acaso, abrir o cofre?

A) 1/7200   D) 1/720
B) 1/2000   E) 1/200
C) 1/1500

14) (UFRJ) Um marceneiro cortou um cubo de madeira maciça pintado de azul em vários cubos menores da seguinte forma: dividiu cada aresta em dez partes iguais e traçou as linhas por onde serrou, conforme indica a figura abaixo:

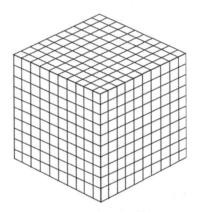

A) Determine o número de cubos menores que ficaram sem nenhuma face pintada de azul.

B) Se todos os cubos menores forem colocados em um saco, determine a probabilidade de se retirar, ao acaso, um cubo com pelo menos duas faces azuis.

15) UNICAMP

A) Uma urna contém três bolas pretas e cinco bolas brancas. Quantas bolas azuis devem ser colocadas nessa urna de modo que, retirando-se uma bola ao acaso, a probabilidade de ela ser azul seja igual a 2/3?

B) Considere agora uma outra urna que contém uma bola preta, quatro bolas brancas e x bolas azuis. Uma bola é retirada ao acaso dessa urna, a sua cor é observada e a bola é devolvida à urna. Em seguida, retira-se novamente, ao acaso, uma bola dessa urna. Para que valores de x a probabilidade de que as duas bolas sejam da mesma cor vale 1/2?

16) (UNESA) Em uma caixa existem 5 balas de hortelã e 3 balas de mel. Retirando-se sucessivamente e sem reposição duas dessas balas, a probabilidade de que as duas sejam de hortelã é:

A) 1/7   D) 25/26
B) 5/8   E) 25/64
C) 5/14

17) Joga-se um dado três vezes consecutivas. A probabilidade de surgirem os resultados abaixo, em qualquer ordem, é:

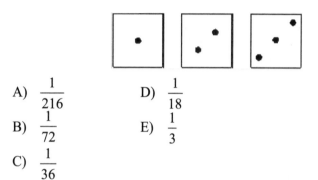

A) $\dfrac{1}{216}$ D) $\dfrac{1}{18}$

B) $\dfrac{1}{72}$ E) $\dfrac{1}{3}$

C) $\dfrac{1}{36}$

18) Uma prova de múltipla escolha tem 10 questões, com três respostas em cada questão. Um aluno que nada sabe da matéria vai responder a todas as questões ao acaso, e a probabilidade que ele tem de não tirar zero é:

A) maior do que 96%
B) entre 94% e 96%
C) entre 92% e 94%
D) entre 90% e 92%
E) menor do que 90%

19) Em um grupo de 100 pessoas da zona rural, 25 estão afetadas por uma parasitose intestinal A e 11 por uma parasitose intestinal B, não se verificando nenhum caso de incidência conjunta de A e B. Duas pessoas desse grupo são escolhidas, aleatoriamente, uma após a outra.
Determine a probabilidade de que, dessa dupla, a primeira pessoa esteja afetada por A e a segunda por B.

118 | Curso de Análise Combinatória e Probabilidade

20) (UFRJ) Um estudante caminha diariamente de casa para o colégio, onde não é permitido ingressar após as 7h 30min. No trajeto ele é obrigado a cruzar três ruas. Em cada rua, a travessia de pedestres é controlada por sinais de trânsito não sincronizados. A probabilidade de cada sinal estar aberto para o pedestre é igual a 2/3 e a probabilidade de estar fechado é igual a 1/3.

Cada sinal aberto não atrasa o estudante, porém cada sinal fechado o retém por 1 minuto. O estudante caminha sempre com a mesma velocidade.

Quando os três sinais estão abertos, o estudante gasta exatamente 20 minutos para fazer o trajeto. Certo dia, o estudante saiu de casa às 7h 09min.

Determine a probabilidade de o estudante, nesse dia, chegar atrasado ao colégio, ou seja, chegar após as 7h30min.

Respostas:
1) B
2) C
3) D
4) E
5) D
6) a) 30%; b) leitores da 3.
7) 3/40
8) 1/3
9) 13/27
10) C
11) 100%; 1/5
12) E
13) B
14) 512; 13/125
15) 16; 9 ou 1
16) C
17) C
18) A
19) 1/36
20) 7/27

Probabilidades | 119

Leituras Complementares

1) Desafio: Probabilidade X Intuição

Em um determinado país sabe-se que 10% da população está infectada pelo vírus do HIV. Sabe-se também que, nos exames para detectar a doença, há 90% de acerto para o grupo dos infectados e 80% de acerto para os não infectados. Determine:

1. A probabilidade de que uma pessoa, cujo exame deu positivo para a doença, esteja realmente infectada.
2. A probabilidade de que uma pessoa, cujo exame deu negativo para a doença, esteja realmente sadia.

Solução:
Para facilitar, vamos supor que a cidade tivesse uma população de 1000 habitantes. De acordo com o texto, teremos que 100 são portadores do vírus HIV e 900 não são portadores.

1) Total de portadores detectados pelo exame: 90 % de 100 + 20 % de 900 = 270 pessoas. Logo, para respondermos à primeira pergunta, temos que 90 pessoas em 270 são realmente portadores do vírus, ou probabilidade de 90 / 270 = 33,3%.
É por esse motivo que, normalmente quando um exame HIV tem resultado positivo, os médicos normalmente recomendam que o mesmo seja repetido.

2) Total de não portadores detectados pelo exame: 10 % de 100 + 80% de 900 = 730 pessoas, das quais 720 são realmente não portadores desse vírus. Logo, temos a probabilidade de 720 / 730 = 98,6 % de que uma pessoa, cujo exame deu negativo para a doença esteja realmente sadia.

Comentário:

Essa questão, que foi originalmente proposta aos candidatos ao Projeto Sapiens (uma espécie de vestibular em etapas, no Rio de Janeiro), propicia através de uma abordagem simples e intuitiva, o enfoque de uma questão atual e de interesse de todos nas aulas de matemática e pode, dependendo de nossos

120 | Curso de Análise Combinatória e Probabilidade

objetivos, propiciar outras discussões como probabilidade condicional, por exemplo.

2) O Problema da Coincidência dos Aniversários

Questão: Em um grupo de 8 pessoas, determine a probabilidade de que duas dessas pessoas, pelo menos, aniversariem no mesmo dia.

Solução:
Vamos primeiro determinar a probabilidade de que todas as oito pessoas façam aniversários em datas diferentes e depois, calcular o que se pede pelo complementar.

Vamos resolver pelo princípio multiplicativo (que é mais simples). Inicialmente vamos determinar o espaço amostral, ou seja, o número total de casos possíveis para os aniversários das 8 pessoas.

$N(S) = 365.\ 365.\ 365.\ 365.\ 365.\ 365.\ 365.\ 365 = 365^8$.

Agora vamos determinar o número de casos favoráveis a esse evento $(n(E))$, ou seja, o número de possibilidades de todas as oito pessoas aniversariarem em datas distintas, ou seja:

$N(E) = 365.\ 364.\ 363.\ 362.\ 361.\ 360.\ 359.\ 358.$ (observe que 358 é igual a $365 - 8 + 1$ ou $366 - 8$).

Logo, a probabilidade que estamos procurando é:

$$p = \frac{365.\ 364.\ 363.\ 362.\ 361.\ 360.\ 359.\ 358.}{365^8} = 0,9257$$

Isto significa que temos 92,57% de probabilidade de que as oito pessoas façam aniversários em datas distintas. Logo, aplicando a propriedade das probabilidades complementares, temos que

$$100\% - 92,57\% = 7,43\%$$

é a probabilidade de que, ao menos duas das oito pessoas aniversariem na mesma data.

Esse resultado é normal e provavelmente não lhe causou espanto. Mas, veja o que ocorre se tivéssemos um grupo de 30 pessoas...

Probabilidade de que as 30 pessoas façam aniversários em datas diferentes:

$$p = \frac{365.\,364.\,363.\,....\,336.}{365^{30}} \cong 0,29$$

(note que 336 corresponde a 365 – 30 +1 ou 366 - 30)

Logo, a probabilidade de que, num grupo de 30 pessoas, duas delas fizessem aniversário no mesmo dia é de 100% - 29% = 71%. Ou seja, em uma sala de 30 alunos, a probabilidade de dois alunos aniversariarem num mesmo dia é muito grande...acima de 70%...e aí as pessoas já começam a se assustar com o resultado...

Podemos generalizar o resultado obtido acima da seguinte maneira: "Em um grupo de k pessoas, a probabilidade de haver pelo menos duas que façam aniversário no mesmo dia é de:

$$p = 1 - \frac{365 \times 364 \times ....\times (366 - k)}{365^{k}}$$

Se você aplicar a fórmula acima para um grupo k = 50 pessoas, vai encontrar o surpreendente resultado de que a probabilidade de duas pessoas aniversariarem em um mesmo dia é de 97%, ou seja, praticamente um evento certo de acontecer.

122 | Curso de Análise Combinatória e Probabilidade

Abaixo fizemos uma tabela com a probabilidade desse fato acontecer, para alguns valores de k.

k pessoas =	Probabilidade =
5	3 %
10	12%
15	25%
20	41%
25	57%
30	71%
40	89%
45	94%
50	97%

Coisas dessa ciência maravilhosa, denominada matemática!

3) Os Jogadores e a Consulta a Galileu

No século XVII, os jogadores italianos costumavam fazer apostas sobre o número total de pontos obtidos no lançamento de 3 dados. Acreditavam que a possibilidade de obter um total de 9 era igual à possibilidade de obter um total de 10.

Afirmavam que existiam 6 combinações para obtermos 9 pontos:
1 2 6   1 3 5   1 4 4   2 3 4   2 2 5   3 3 3
Analogamente, obtinham 6 combinações para o 10:
1 4 5   1 3 6   2 2 6   2 3 5   2 4 4   3 3 4

Assim, os jogadores argumentavam que o 9 e o 10 deveriam ter a mesma possibilidade de se verificarem.

Contudo, a experiência mostrava que o 10 aparecia com uma freqüência um pouco superior ao 9. Pediram a Galileu que os ajudasse nessa contradição, tendo este realizado o seguinte raciocínio: Pinte-se um dos dados de branco, o outro de cinza e o outro de preto. De quantas maneiras se podem apresentar os três dados depois de lançados? Sabemos pelo princípio multiplicativo que são 6 6 6 = 216 possibilidades. Galileu listou todas as 216 maneiras de 3 dados se apresentarem depois de lançados. Depois percorreu a lista e verificou que havia 25 maneiras de obter um total de 9 e 27 maneiras de obter um total de 10.

O raciocínio dos jogadores estava errado pelo simples fato de que, por exemplo, o "trio" "3 3 3", que dá o 9, corresponde unicamente a uma forma dos dados se apresentarem, mas o "trio" "3 3 4" que dá o 10, corresponde a 3 maneiras diferentes:

A tabela a seguir, mostra o total de maneiras de obtermos 9 ou 10 pontos, que realça o erro cometido pelos jogadores da época.

9 pontos			maneiras	10 pontos			maneiras
1	2	6	6	1	4	5	6
1	3	5	6	1	3	6	6
1	4	4	3	2	2	6	3
2	3	4	6	2	3	5	6
2	2	5	3	2	4	4	3
3	3	3	1	3	3	4	3
total			25	total			27

Ou seja, a probabilidade da soma dos pontos obtidos ser igual a 10 é de 27/216 que é igual a 12,5% e a probabilidade da soma dos pontos obtidos ser igual a 9 é de 25/216, que é aproximadamente igual a 11,6%.

O problema acima é uma excelente oportunidade de chamar a atenção para o fato de que essa definição "Laplaceana" de probabilidades só é válida se o espaço dos acontecimentos for do tipo equiprovável, o que não acontecia inicialmente no problema em questão, quando os jogadores pensavam que existiam igualmente 6 possibilidades de saída dos 9 e dos 10 pontos.

124 | Curso de Análise Combinatória e Probabilidade

Esse tipo de erro se tornou importante no Cálculo de Probabilidades e levou muitas pessoas a cometerem falhas na análise de alguns problemas que existem há muitos anos.

4) Um Jogo de Cinco Dados

Outra boa experiência que pode ser feita em classe e que, através do aumento do número de registros, podemos verificar a aproximação do resultado obtido na prática, com o teórico.

Lançam-se cinco dados. Para ganharmos tem de sair o número 5, mas não pode sair o 6. Qual é a probabilidade de ganhar?

Em uma fase inicial do estudo das probabilidades, os alunos ainda não têm conhecimentos que lhes permitam responder à pergunta com o valor exato. No entanto, podem obter experimentalmente uma aproximação razoável.

Para isso, a cada grupo de alunos deve ser distribuído um conjunto de 5 dados (ou solicitar que eles tragam de casa); pedimos que cada grupo faça uma série de sorteios (50, por exemplo) e que registre os resultados obtidos, destacando de alguma forma os casos que forem favoráveis ao evento proposto. Caso haja condições, podemos até simular tais sorteios em uma calculadora gráfica (TI-83, por exemplo).

Sejam, por exemplo, os seguintes resultados que poderiam ser obtidos por um grupo:

$$1 \quad 2 \quad 2 \quad 3 \quad 3$$
$$2 \quad 2 \quad 5 \quad 6 \quad 4$$
$$5 \quad 1 \quad 2 \quad 3 \quad 3$$

Verificamos facilmente que dos três sorteios anteriores, o único que nos é favorável é o terceiro, ou seja, num universo de 3 sorteios, obtivemos a freqüência relativa de 1/3, ou 33%.

Se, em uma turma, cada grupo fizer uns 50 sorteios, registrando o número de experiências e o número de vezes favoráveis, facilmente chegamos a 500 resultados. Podemos juntar os resultados de duas turmas, por exemplo, e chegamos a 1000 experiências.

Em um dos Colégios em que fizemos a experiência, em 1000 experiências, anotamos 276 sucessos, o que corresponde a uma freqüência relativa de 0,276 ou 27,6%.

Podemos então prever que a probabilidade de ganhar numa jogada vai ser próxima deste valor, não longe dos 28%.

Claro que quantas mais experiências fizermos, mais confiança poderemos ter nos resultados (e isso devemos passar a nossos alunos, a experiência com grandes números). Se conseguirmos juntar os resultados de várias turmas (10 000 sorteios, por exemplo), verificaremos que a probabilidade de ocorrência do evento estará perto de 27%. Em seguida veremos o resultado exato dessa probabilidade, com o auxílio da Análise Combinatória.

Cálculo da probabilidade

Lançam-se cinco dados. Para ganharmos tem de sair o número 5, mas não pode sair o 6. Qual é a probabilidade de ganhar?

Já vimos, experimentalmente, que o resultado procurado está próximo dos 27%. Agora vamos obter o resultado exato.

O número de casos possíveis quando lançamos 5 dados são os arranjos com repetição dos 6 números, ou, pelo princípio multiplicativo: 6 x 6 x 6 x 6 x 6 = 6^6 = 7776

O número de casos favoráveis (sair 5 mas não sair 6) tem de ser feito em duas etapas:

Primeiro, não pode sair 6: são os arranjos com repetição dos números de 1 a 5.

Casos em que não sai 6 = $AR_{5,5}$ = 5^5 = 3125

Segundo, não pode sair 6 mas tem de sair 5. Então, aos 3125 casos anteriores temos de subtrair os casos em que também não sai 5.

Casos em que não sai 6 nem 5 = $AR_{4,5}$ = 4^5 = 1024
Casos em que não sai 6 mas sai 5 = 3125 − 1024 = 2101

Logo: P(sair 5 mas não sair 6) = $\dfrac{2101}{7776}$ ≈ 0,27019

A probabilidade de ganhar o jogo é praticamente igual a 27%.

Reparemos que o valor obtido experimentalmente está bastante perto do valor teórico.

Um homem que viaja muito estava preocupado com a possibilidade de haver uma bomba a bordo do avião em que viajava. Calculou a probabilidade disso, verificou que era bastante baixa, mas não suficientemente baixa para ele, de modo que agora sempre viaja com uma bomba em sua mala de mão. Raciocina que a probabilidade de haver duas bombas a bordo seria praticamente nula, infinitesimal.

126 | Curso de Análise Combinatória e Probabilidade

5) As Loterias e as Probabilidades

Probabilidades e a Mega Sena

Tudo pelos milhões

Prêmio da Mega-sena será sorteado hoje.

O prêmio acumulado de R$ 32 milhões da Mega-sena movimentou ontem milhares de cariocas, em filas intermináveis nas casas lotéricas. O prêmio está acumulado há seis semanas e, segundo a Caixa Econômica Federal, deverão ser feitas 59 milhões de apostas. O sorteio será realizado hoje, às 20 horas, na cidade de Santo Antonio da Platina, no Paraná.

Ontem, no Rio, casas lotéricas fizeram promoções, como a da Novo México, se propondo a trocar um mosquito Aedes Aegypti, por um bilhete com seis dezenas. Outra promoção nessa loja era a troca de um bilhete da Mega-sena para quem pagasse a conta de luz com baixo consumo.

Os apostadores estão confiantes e já fazem planos com o prêmio acumulado. *"Tenho fortes esperanças de ganhar. Faço apostas há dez anos com os mesmos números e doaria a metade do prêmio para uma instituição de caridade"*, disse o administrador de empresas Jorge Luiz Campos.

As loterias dos shoppings e da Zona Sul ficarão abertas até uma hora antes do sorteio das dezenas. Em alguns sites da Internet, é possível apostar as 19h45.

As repetidas - Para quem acompanha os sorteios da Mega-sena existem algumas probabilidades que poderão fazer algum milionário no teste de logo mais. As dezenas que mais apareceram nos resultados até agora são: 42 (34 vezes), 13 (33 vezes), 41 e 43 (30 vezes); 25, 37 e 53, que saíram 29 vezes.

Jornal do Brasil – sábado, 24 de março de 2001

Introdução

Entre todas as loterias existentes no Brasil, a Mega Sena é, ao menos em determinadas ocasiões, a que desperta o maior interesse na população. Isso se deve ao fato de que, pelas regras do jogo, de vez em quando, as quantias oferecidas serem bastante respeitáveis, já que existem prêmios acumulados.

Nós, professores de matemática, somos sempre consultados sobre o funcionamento do jogo e se possuímos alguma fórmula para que as pessoas possam ganhar no jogo. O presente artigo faz um breve relato sobre o jogo, mostra respostas às perguntas mais comuns e procura mostrar o uso dos conhecimentos do cálculo das probabilidades em fatos de nosso cotidiano.

O Jogo

As apostas podem ser feitas escolhendo-se no mínimo 6 e no máximo 15 dezenas dentre as 60 disponíveis, e enumeradas de 1 a 60.

Cada aposta simples de 6 dezenas custa 1,50 reais e, se você marca 8 dezenas, por exemplo, terá de pagar 42 reais (pois essas 8 dezenas lhe possibilitam concorrer com 28 jogos simples, que é o resultado de C^6_8. Logo, 28 x 1,50 = 42 reais).

A Caixa Econômica Federal, que administra o jogo, sorteia seis dezenas distintas e são premiadas as apostas que contêm 4 (quadra), 5 (quina) ou todas as seis (sena) dezenas sorteadas. Se em um determinado concurso ninguém acerta as seis dezenas, o prêmio fica acumulado para o concurso seguinte.

Existem C^6_{60} resultados possíveis para um sorteio. Esse número é superior a 50 milhões, mais precisamente, ele é igual a 50 063 860. Acho que você concorda comigo que uma pessoa com aposta mínima (6 dezenas) terá uma chance muito pequena de acertar os seis números. Mais precisamente, 1 chance em 50 063 860.

Você Sabia?

Que é mais fácil obter 25 caras em 25 lançamentos de uma moeda perfeita do que acertar na Mega Sena com um único jogo de 6 dezenas?

128 | Curso de Análise Combinatória e Probabilidade

As Probabilidades de Sucesso na Mega-Sena

O cálculo das probabilidades de que um apostador ganhe os prêmios oferecidos é um exercício interessante de Análise Combinatória.

Vamos, através de um exemplo, mostrar como ele é resolvido.
Suponhamos que um apostador fez um jogo com 10 dezenas e estará, portanto, concorrendo com $C_{10,6}$ (210) jogos simples de 6 dezenas.

Verificamos que a probabilidade de ganhar a sena vale 210/50 063 860, ou aproximadamente 0,00042%.

Para que esse apostador ganhe a quadra, é necessário que quatro das seis dezenas apostadas estejam entre as dez nas quais ele apostou e duas estejam entre as outras 50. As quatro podem ser escolhidas de $C_{10,4} = 210$ maneiras e as outras duas de $C_{50,2} = 1225$ maneiras. Existem, portanto 210 x 1225 = 257 250 resultados que dariam o prêmio da quadra para o apostador.

De modo análogo mostra-se que existem 12 600 resultados que dariam ao apostador o prêmio da quina.

Logo, os valores aproximados das probabilidades de que um apostador, que jogou 10 dezenas, ganhe os prêmios da sena, quina e quadra são, respectivamente iguais a: 0,00042%; 0,025 % e 0,513 %.

Com raciocínio análogo são calculadas as probabilidades de apostas com um número qualquer de dezenas.

Adaptado da Revista do Professor de Matemática, n° 43
Flavio Wagner Rodrigues (IME-USP)

6) Não há um Único Caminho Correto no Cálculo das Probabilidades.

Um fato importante que se apresenta freqüentemente diante de um problema sobre probabilidades é que ele pode possuir vários caminhos distintos de resolução.
Quase sempre isso ocorre porque podemos encontrar diversos espaços amostrais, dependendo da abordagem que se faça. Para calcular a probabilidade aplicando a definição de Cardano/Laplace, devemos dividir o número de casos

favoráveis pelo número de casos possíveis. Ora, a cada espaço de resultados irá corresponder um diferente número de casos possíveis e, claro, um diferente número de casos favoráveis. É claro que essa variação será proporcional e todos os caminhos tenderão a levar ao mesmo resultado.

O principal cuidado a ter é usar exatamente o mesmo método na contagem dos casos favoráveis e na contagem dos casos possíveis, ou seja, não mudar de espaço de resultados durante a resolução.

Vamos tomar como exemplo um problema e os vários modos de resolvê-lo:

Três bilhetes de cinema

Uma professora resolveu levar os seus 15 alunos para ver um filme. Como o cinema tem filas de precisamente 15 cadeiras, comprou uma fila inteira e distribuiu os bilhetes ao acaso pelos alunos. As alunas Ana, Beth e Carla, por serem muito amigas, gostariam de ficar juntas e numa das extremidades da fila.
Qual a probabilidade de que isso ocorra?

Fazer um esquema ajuda, muitas vezes, a visualizar melhor o que se passa.

As três amigas querem ficar nos lugares 1, 2 e 3 ou 13, 14 e 15. Existem pelo menos quatro processos de resolver o problema.

1º Processo

Vamos pensar apenas nos três bilhetes destinados às três amigas, não nos interessando a ordem como elas ocuparão depois esses três lugares.
O espaço de resultados é o conjunto dos ternos não ordenados. Por exemplo, um dos seus elementos é o terno {5, 7, 15}, que corresponde às três amigas receberem os bilhetes 5, 7 e 15 embora não saibamos o lugar exato em que cada uma delas se vai sentar.

130 | Curso de Análise Combinatória e Probabilidade

Os casos possíveis são as diferentes maneiras delas receberem os 3 bilhetes de um conjunto de 15, ou seja, todos os ternos não ordenados formados a partir do conjunto de 15 bilhetes.

Casos Possíveis = $C_{15,3}$ = 455

Os casos favoráveis são apenas 2: ou recebem os bilhetes 1-2-3 ou os bilhetes 13-14-15.

$$P(\text{ficarem juntas numa ponta}) = \frac{2}{455}$$

2º Processo

Vamos pensar nos três bilhetes destinados às três amigas, mas interessando-nos agora a ordem como elas ocuparão depois esses três lugares. Continuamos a ignorar os outros 12 bilhetes.

O espaço de resultados é o conjunto dos ternos ordenados. Por exemplo, um dos seus elementos é o terno {5, 7, 15}, ou seja, a Ana fica no lugar 5, a Bela no 7 e a Carla no 15.

Os casos possíveis são, portanto, as diferentes maneiras de elas receberem 3 bilhetes de um conjunto de 15, mas em que a ordem em que recebem os bilhetes é importante.

Casos Possíveis = $A_{15,3}$ = 2730

Se os bilhetes que elas receberem forem 1, 2 e 3, como a ordem interessa, há seis maneiras de elas os ocuparem (são as permutações de 3). O mesmo se passa para os bilhetes 13, 14 e 15. Logo, os casos favoráveis são 2 x P_3, ou seja, 12.

$$P(\text{ficarem juntas numa ponta}) = \frac{12}{2730} = \frac{2}{455}$$

3º Processo

Desta vez vamos considerar todas as maneiras como os 15 alunos podem sentar-se nos 15 lugares.

O espaço de resultados é constituído por todas as permutações dos 15 alunos pelas cadeiras. Os casos possíveis são, portanto as permutações de 15.

Casos Possíveis = P_{15} = 15!

Se as três amigas ficarem nos lugares 1, 2 e 3, podem permutar entre si, e os outros 12 alunos também. O mesmo se passa se ficarem nos três últimos lugares. Então:

Casos Favoráveis = 2 x P_3 x P_{12}

$$P(\text{ficarem juntas numa ponta}) = \frac{2 \times 3! \times 12!}{15!} = \frac{2 \times 6}{15 \times 14 \times 13} = \frac{2}{455}$$

Probabilidades | 131

4º Processo

Vamos calcular a probabilidade pedida admitindo que os bilhetes vão ser entregues um a um às três amigas.

A primeira vai receber o seu bilhete. Dos 15 lugares, há 6 que lhe servem (os três primeiros e os três últimos).

Chegou a vez da segunda. Há 14 bilhetes e a ela só servem os dois lugares que restam na ponta onde a primeira ficou.

Finalmente, a terceira, dos 13 bilhetes restantes, tem de receber o único que sobra na ponta onde estão as amigas.

$$P(\text{ficarem juntas numa ponta}) = \frac{6}{15} \times \frac{2}{14} \times \frac{1}{13} = \frac{2}{455}$$

7) Aplicações na Área Biomédica – Genética

Um dos ramos de grande aplicabilidade do cálculo combinatório e das probabilidades é a Genética e as questões sobre Hereditariedade. Muito se tem falado sobre a Interdisciplinaridade, mas as pessoas continuam sendo formadas como especialistas de determinadas áreas sem saber, na maioria das vezes, os usos e relações dos conhecimentos dessa área com as outras áreas do conhecimento. É o caso em questão, sobre a aplicação do cálculo das probabilidades na área biomédica, mais especificamente nas questões sobre Genética e Hereditariedade.

Pretendemos agora mostrar alguns conceitos e exemplos básicos, que possam auxiliar um professor de matemática a estabelecer as tão procuradas relações entre a matemática e a biologia.

Sobre a questão da Hereditariedade – uma nota histórica:

Por volta de 1865, Gregor Mendel, após realizar cruzamentos com ervilhas, começava a estabelecer os princípios da hereditariedade. Antes de Mendel, idéias incorretas eram empregadas para explicar o mecanismo da hereditariedade, como por exemplo:- teoria da pré-formação (existência de miniaturas presentes nos gametas) , herança pelo sangue (que as características hereditárias eram transmitidas aos descendentes através do sangue), mistura de caracteres (existência de caracteres paternos e maternos nos filhos).

132 | Curso de Análise Combinatória e Probabilidade

Os trabalhos experimentais de Mendel foram publicados na Sociedade de História Natural , em 1866 , mas não foram entendidos na época. O desinteresse relativo se deve talvez ao fato de que, nesse mesmo período, Charles Darwin publicava suas idéias evolucionistas, roubando a atenção do mundo científico. Em 1900, os cientistas Tschermak , De Vries e Correns, de forma independente, refazem os experimentos de Mendel e confirmam os seus resultados.

Francis Galton (1822 – 1911) parece ter sido o primeiro a introduzir o método estatístico nos estudos de hereditariedade, mais tarde, Karl Person (1857 – 1936) continuando as pesquisas com recursos estatísticos e probabilísticos, deu início à chamada Biometria.

A partir dos trabalhos mendelianos, novas pesquisas e conhecimentos relativos à Genética, foram gradativamente acrescentados:- estrutura do DNA, projeto genoma humano e de outras formas vivas , clonagem, transgênicos, terapia gênica, etc.

Elementos de Genética:

Nos organismos vivos existem duas partes componentes: o soma e o gérmen. A segunda parte é relacionada com a reprodução, que nos animais corresponde aos gametas (óvulo e espermatozóide). Esses gametas são formados em órgãos especiais chamados gônadas, que são os testículos e os ovários. Os gametas, tanto os masculinos como os femininos, transportam 23 cromossomos que são estruturas em forma de filamentos. Na espécie humana, nos homens, a produção de espermatozóides é contínua, enquanto que nas mulheres, a dos óvulos se restringe normalmente a um em cada 28 dias.

Nos cromossomos é que estão contidos os genes, que são os responsáveis pela transmissão dos caracteres hereditários. A constituição química dos genes é feita de um ácido – ácido desoxirribonucléico, DNA ou ADN, como também é conhecido.

Quando há fecundação (união do espermatozóide ao óvulo) forma-se a célula ovo ou zigoto, com 46 cromossomos, dispostos aos pares – é o início de uma nova vida.

Com exceção das gônadas, todas as outras partes do corpo correspondem ao soma. O soma é constituído por células que tem 46 cromossomos cada uma e que se dividem por mitose, divisão em que cada célula dá origem a duas outras com igual número de cromossomos.

No gérmen, na formação dos gametas, a divisão que ocorre é a meiose, isto é, cada célula dá origem a quatro outras com o número de cromossomos reduzidos à metade.

Quando ocorre a fecundação, os cromossomos (23) do pai se dispõem aos pares com os 23 da mãe, de maneira que nas células ficam 46 cromossomos dispostos em 23 pares. Dessa forma, existe um par de cromossomos nº 1(constituído por um vindo do pai e outro vindo da mãe), um par de cromossomos nº 2....e assim sucessivamente, até o par nº 23.

Em cada par, os genes condicionadores das características do ser existem tanto no cromossomo proveniente do pai, como no cromossomo proveniente da mãe. Assim, se em determinado lugar de um cromossomo existir um gene para albinismo (falta de pigmento na pele), por exemplo, no mesmo lugar no outro constituinte do par também existirá um gene para o mesmo caráter, no nosso exemplo, para o albinismo.
Os dois cromossomos que constituem cada par são denominados cromossomos homólogos e os genes que se localizam no mesmo lugar nos cromossomos homólogos são os que chamamos de genes alelos ou simplesmente alelos.
Os genes podem ser dominantes ou recessivos e costuma-se indicar os dominantes por letras maiúsculas e os recessivos por letras minúsculas, dessa forma, um par representado por AA significa dois genes dominantes.

Quando um organismo tem dois alelos iguais para uma determinada característica (AA, se dois dominantes ou aa, se dois recessivos) dizemos que os genes para esse caráter estão em homozigose e o organismo, para essa característica, é homozigoto. Quando os genes são diferentes (Aa, um dominante e um recessivo), dizemos que há heterozigose e o organismo é dito heterozigoto para essa característica.

O gene dominante, quer esteja em homozigose ou em heterozigose, sempre manifesta seu caráter. O gene recessivo só pode se expressar quando estiver em homozigose (aa).
Indicaremos por P (geração parental) o cruzamento de dois organismos. Os descendentes correspondem ao F1 (primeira geração de filhos). Quando

Curso de Análise Combinatória e Probabilidade

se cruzam dois descendentes F1, os seus filhos corresponderão ao F2 e assim por diante.

Modelo Matemático:

Geração parental (gametas – 50% A e 50% a) A é dominante e a é recessivo.

$$\left\{ \frac{1}{2}\ A \left\{ \begin{array}{l} \dfrac{1}{2}\ A \rightarrow AA = \dfrac{1}{4}\ \text{ou } 25\% \\[2mm] \dfrac{1}{2}\ a \rightarrow Aa = \dfrac{1}{4}\ \text{ou } 25\% \end{array} \right. \atop \frac{1}{2}\ a \left\{ \begin{array}{l} \dfrac{1}{2}\ A \rightarrow aA = \dfrac{1}{4}\ \text{ou } 25\% \\[2mm] \dfrac{1}{2}\ a \rightarrow aa = \dfrac{1}{4}\ \text{ou } 25\% \end{array} \right. \right. \left. \begin{array}{l} \\ \text{Heterozigoto} = \dfrac{1}{2}\ \text{ou } 50\% \\ \\ \end{array} \right.$$

O modelo acima informa que se pode esperar para os descendentes: ¼ homozigoto AA, $\dfrac{1}{2}$ para heterozigotos Aa e $\dfrac{1}{4}$ para homozigotos recessivos aa.

O quadro de possibilidades com suas respectivas probabilidades é o seguinte:

♂ \ ♀	A → $\dfrac{1}{2}$	a → $\dfrac{1}{2}$
A → $\dfrac{1}{2}$	AA → $\dfrac{1}{4}$	Aa → $\dfrac{1}{4}$
a → $\dfrac{1}{2}$	Aa → $\dfrac{1}{4}$	aa → $\dfrac{1}{4}$

Havendo dominância, teremos $\dfrac{1}{4} + \dfrac{1}{2} = \dfrac{3}{4}$ dos descendentes apresentando

Probabilidades | 135

características dos dominantes e $\frac{1}{4}$ apresentando a característica dos recessivos, isto é, na proporção de 3 para 1, que é o que de fato se confirma experimentalmente e o que encontramos na prática.

Devemos ainda saber que nos cruzamentos há dois tipos de segregação: fenotípica e genotípica. O fenótipo caracteriza a aparência externa de um organismo e o genótipo são os genes que caracterizam a aparência. Nos casos de dominância a segregação fenotípica e a segregação genotípica podem apresentar proporções diferentes.

Observação: O fenômeno de dominância, entretanto, não se aplica para todos os caracteres. Há alguns caracteres que, obtendo-se o organismo heterozigoto, não há manifestação do caráter relativo ao dominante e nem ao recessivo, produzindo-se um intermediário, o híbrido; assim, algumas plantas de flor vermelha, por exemplo, cruzadas com uma planta de flor branca, podem produzir plantas de cor rosa, etc.

Aplicações:

1) Realizaram-se cruzamentos de ervilhas de flores brancas com ervilhas de flores vermelhas, obtendo-se só flores vermelhas. Cruzando-se entre si a geração filial (F1), obteve-se 600 flores, quais as quantidades esperadas de vermelhas e brancas?

Solução:
Como o enunciado diz que F1 só possui flores vermelhas, é de se supor que na geração parental P houve cruzamento do tipo AA x aa, ou seja, cruzou-se vermelha homozigoto com gene dominante com branca de gene recessivo. Dessa forma, a geração filial ficou formada só por gametas heterozigotos (Aa). Fazendo-se novos cruzamentos (Aa x Aa) para a produção da geração F2, teremos a proporção que mostramos no modelo matemático da página 64, ou seja, $\frac{1}{4}$ AA, $\frac{1}{2}$ Aa, $\frac{1}{4}$ aa. Isso acarreta que teremos ¾ de vermelhas (dominante) e $\frac{1}{4}$ de brancas (recessivas).

Logo, como foram geradas 600 flores, é de se esperar que tenhamos:

$\frac{3}{4}$ de 600 = 450 vermelhas e $\frac{1}{4}$ de 600 = 150 brancas.

2) Um casal heterozigoto com pigmentação normal teve como primogênito uma criança albina. Determinar a probabilidade de que seus dois próximos filhos sejam albinos, lembrando que albinismo é determinado por um gene recessivo a.

   Solução:
   Se olharmos a tabela e o modelo mostrados anteriormente, notamos que, pelo fato de ser um gene recessivo, essa característica só se manifestará no caso aa ($\frac{1}{4}$). Lembramos também que o fato da primeira criança ter sido albina não influenciará, nesse aspecto, o hereditariedade das futuras crianças. Logo, a probabilidade de nascer uma criança albina será de $\frac{1}{4}$, e a de que os dois próximos filhos sejam albinos será de $\frac{1}{4} \cdot \frac{1}{4} = \frac{1}{16} = 6{,}25\%$.

3) A queratose (anomalia na pele) é devida a um gene dominante Q. Uma mulher com queratose, cujo pai era normal, casa-se com um homem com queratose, cuja mãe era normal. Se esse casal tiver 3 filhos, determine a probabilidade de que os três apresentem queratose.
   Solução:

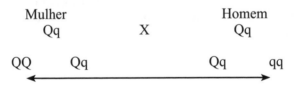

   Q é dominante, logo p = $\frac{3}{4}$ para cada filho nascido com queratose. Como os eventos são independentes, teremos para os três nascerem com a anomalia, a probabilidade de: $\frac{3}{4} \cdot \frac{3}{4} \cdot \frac{3}{4} = \frac{27}{64} = 42{,}19\%$

8) Probabilidade Geométrica

Alguns problemas de probabilidades são equivalentes à seleção aleatória de pontos em espaços amostrais representados por figuras geométricas. Nesses modelos, a probabilidade de um determinado evento se reduz à seleção ou

Probabilidades | 137

ao seu limite, caso exista, entre medidas geométricas homogêneas, tais como comprimento, área ou volume.

Diversas atividades interessantes podem ser usadas na introdução desses conceitos, como o disco das cores, o jogo dos discos e ladrilhos.

A título de introdução, vamos reproduzir o relato do professor Eduardo Wagner, de uma experiência desenvolvida com seus alunos do Ensino Médio. Esse relato se encontra na Revista do Professor de Matemática, nº 34, pág. 28.

"No ensino médio, o ensino de probabilidades se restringe ao caso finito e os problemas são basicamente de contagem de casos favoráveis e casos possíveis. Existem, entretanto, problemas muito simples e interessantes de probabilidades onde o espaço amostral possui a situação análoga ao seguinte exemplo": um atirador, com os olhos vendados, procura atingir um alvo circular com 50 cm de raio, tendo no centro um disco de 10 cm de raio. Se em certo momento temos a informação de que o atirador acertou o alvo, perguntamos qual deve ser a probabilidade de que tenha atingido o disco central.

Tenho sugerido esse problema a alunos do ensino médio e freqüentemente obtenho deles respostas corretas, baseadas unicamente na intuição. Como obviamente não se pode contar casos favoráveis e possíveis e como para um atirador vendado não há pontos privilegiados do alvo, a probabilidade de acertar o disco central deve ser a razão entre as áreas do disco e do alvo. Um cálculo elementar leva à resposta certa: 4%. Esse é um exemplo do que se chama Probabilidade Geométrica."

(WAGNER, Revista do Professor de Matemática, 34, p. 28)

Atividade:

O jogo dos discos e dos ladrilhos (adaptado de um artigo do prof. Roberto Ribeiro Paterlini em Coleção Explorando a Matemática – vol. 3 – MEC)

Trata-se da narrativa de um jogo que tem sido aplicado com grande sucesso em aulas de Prática de Ensino nas Licenciaturas de Matemática, bem como nas aulas do Ensino Médio de diversos colegas, Educadores Matemáticos, como introdução do conceito de Probabilidade Geométrica.

O jogo

Uma escola estava preparando uma Feira de Ciências e foi pedido aos estudantes que bolassem um jogo que servisse para arrecadar fundos para uma sala ambiente de matemática. Os estudantes observaram que o piso do salão onde se realizaria a feira era formado por placas quadradas de Paviflex, com 30 cm de lado cada uma. Pensaram então em construir discos de papelão ou de madeira de certo diâmetro d, que seriam entregues aos visitantes, a R$ 1,00 cada disco, para que jogassem sobre o piso. Combinaram o seguinte desafio: o participante só seria premiado se o disco caísse dentro de uma placa sem tocar em um de seus lados. Se a pessoa fosse vitoriosa, receberia R$ 2,00 (um ganho de 100%).

Verifique a proposta no esquema abaixo:

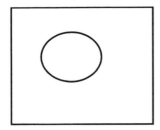 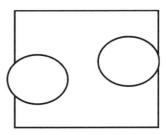

Posição favorável ao jogador   Posições favoráveis à Escola.

O problema para os estudantes que tinham "bolado" a brincadeira era saber qual o valor do diâmetro d do disco a ser construído, de modo que o jogo resultasse em favor da Escola. Sabiam ainda que quanto menor o valor desse diâmetro, melhor seria para o jogador, e quanto maior, melhor seria para a Escola, e também tinham em mente também que esse favorecimento da Escola não poderia ser exagerado, pois se o jogo fosse muito desfavorável aos apostadores, ninguém iria querer jogar. Acordaram que uma probabilidade de 60% em favor da Escola seria adequada aos propósitos.

Questão 1:
Qual o valor do diâmetro d, adequado à proposta, ou seja, que gera uma probabilidade de 40% favorável ao jogador e 60% favorável à Escola?

Questão 2:
Qual será, em média, o ganho da Escola, se 500 discos forem arremessados durante a realização da feira?

Antes de resolvermos (e generalizarmos também) esse problema, vamos mostrar uma experiência do prof. Roberto Paterlini, que fez uma experimentação com alguns colegas professores da UFSCar (São Paulo) que a desenvolveram junto a seus alunos do Ensino Médio.

Para resolver o problema dos discos, de forma experimental, foram construídos diversos discos de madeira (ou borracha) com diâmetros iguais a 4, 6, 8, 10, 12, 14 cm. Os professores que elaboraram a experiência acordaram que deveriam ser feitos, no mínimo, uns 200 lançamentos para cada diâmetro construído.

Para facilitar e poderem contar com várias pessoas experimentando, construíram 10 discos de cada tipo (para 10 participantes) e cada um realizou 20 lançamentos, por tipo de diâmetro.

Foram anotando a freqüência de lançamentos vitoriosos para cada diâmetro usado e, ao final, fazendo a razão entre os casos favoráveis, sobre 200 (que foi o total de arremessos), chegaram à seguinte tabela:

Diâmetro d	Prob. de acertos p
4 cm	75,5%
6 cm	68,5%
8 cm	62%
10 cm	50%
12 cm	38%
14 cm	32%

Assumiram então uma resposta experimental (aproximada, é claro) de que o diâmetro ideal para a proposta deveria ser de 11,5 cm (para gerar uma probabilidade 40% favorável ao jogador).

Resolução do Problema:

Podemos imaginar o caso ideal de considerar que lançar o disco aleatoriamente no piso é o mesmo que lançar seu centro, também aleatoriamente. Assim, a probabilidade p do jogador ganhar (no nosso caso 40%) é a mesma probabilidade de um ponto, lançado aleatoriamente dentro de um quadrado de lado 30 cm, cair dentro de outro quadrado, concêntrico, de lado igual a 30 – d. Verifique no modelo que apresentamos abaixo que, se esse ponto caísse sobre um dos lados do quadrado menor (afastado em d/2 dos lados do maior), o disco seria tangente a um dos lados do piso (quadrado maior), e se o ponto (centro do disco) caísse fora do quadrado menor, o disco seria secante a um dos lados do quadrado maior.

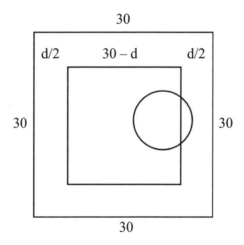

Usando novamente a noção de probabilidade geométrica, temos que:

$$p = \frac{\text{área do quad. menor}}{\text{área do quad. maior}} = \frac{(30-d)^2}{30^2}$$

Como queremos uma probabilidade de 40%, temos que igualar a razão anterior a 0,4, ou seja:

$$\frac{(30-d)^2}{30^2} = 0,4 \quad \text{ou então,} \quad 30 - d = \sqrt{900 \times 0,4} \cong 18,97$$

Isso acarreta que o valor do diâmetro d seja, aproximadamente, 11,03 cm.

Percebemos que tal resposta não difere muito do valor que havia sido obtido na experiência desenvolvida na UFSCar.

Podemos generalizar o resultado anterior para pisos quadrados de lado L e discos de diâmetro igual a d ($0 \leq d \leq 30$)

A probabilidade p, favorável ao jogador será igual a:

$$p = \frac{(L - d)^2}{L^2}$$

Para finalizar o tópico sobre probabilidade geométrica, após a realização de algumas atividades interessantes sobre o assunto, vamos dar uma definição formal do que ela significa. Vamos dar a definição envolvendo áreas de regiões do plano, mas poderíamos usar definições semelhantes para comprimentos de segmentos ou volumes de regiões não planas.

Se tivermos uma região B, do plano, contida numa região A, admitimos que a probabilidade de um ponto de A também pertencer a B (e que chamamos de probabilidade geométrica) é proporcional à área da região B e não depende da posição que B ocupa em A. Em outras palavras, se B está contido em A, a probabilidade de que um ponto de A, selecionado ao acaso também pertença a B é igual a:

$$p = \frac{\text{Área de B}}{\text{Área de A}}$$

Leitura Complementar: Paradoxos, Probabilidades e Lei dos Grandes Números

Ao longo da história da matemática existem diversos casos famosos, envolvendo grandes matemáticos, e que são considerados verdadeiros paradoxos, já que as respostas encontradas para alguns problemas não eram compatíveis com o que se esperava ou com o que a experiência prática indicava que iria ocorrer.

Será relatado aqui um caso interessante, que normalmente está relacionado à lei dos grandes números.

Mas, antes disso, vejamos o que os dicionários têm a dizer sobre "Paradoxos":

- Opinião contrária à opinião comum ou ao senso comum;
- Contradição ou contra-senso, pelo menos aparente;
- Coisa que parece estar certa, mas gera um absurdo;
- Coisa incrível;
- Discordância, discrepância, desarmonia.

Se um cálculo envolvendo probabilidades está correto, o que ocorre é que, se repetirmos a experiência um grande número de vezes, o resultado obtido pela prática tende a se aproximar do resultado obtido teoricamente. É o que denominamos lei dos grandes números, que foi enunciada pelo grande matemático Jacques Bernoulli (1645-1705).

Jacques Bernoulli

Vejamos dois exemplos disso:

1) Se lançarmos um dado equilibrado cúbico, com as faces numeradas de 1 a 6, a probabilidade de obtermos no sorteio o número 2 é 1/6 ou 0,16666 ... (e isso você deve bem saber o porquê). Vejamos o que ocorre se simularmos num computador esse sorteio, aumentando sempre o número de sorteios feitos.

nº de lançamentos	face 2	proporção
100	23	0,23
1 000	171	0,171
10 000	1688	0,1688
50 000	8266	0,16532

Veja que quanto maior o número de lançamentos do dado, mais o resultado experimental se aproxima da probabilidade esperada (que calculamos anteriormente).

2) No mesmo tipo de dado é claro que a probabilidade de sair um número par é de $\dfrac{1}{2}$ ou 0,5 ou 50%, já que metade dos números é par e a outra metade é ímpar. Vejamos agora uma outra simulação por computador, repetindo esse sorteio cada vez um número maior de vezes.

nº de lançamentos	face par	proporção
100	49	0.49
1000	510	0.510
10000	5067	0.5067
50000	25163	0,50326

Verifique novamente que à medida que o número de lançamentos foi aumentando, o resultado experimental se aproximou do resultado esperado (nesse caso 0,5).

Mas o que acontece quando o resultado da experiência, mesmo aumentando muito o número de ocorrências? Nesses casos, podemos afirmar que algum erro teórico deve ter sido cometido no cálculo da probabilidade de ocorrência do evento. Foi o que aconteceu no caso que vamos relatar a seguir onde, normalmente, matemáticos famosos acabavam envolvidos através de consultas que eram feitas pelas pessoas que não entendiam alguma discrepância entre o resultado prático e o teórico – eram os paradoxos.

O paradoxo de D'Alembert

Este paradoxo tem origem num artigo publicado por D'Alembert (1717-1783) na "Enciclopédia Francesa" de 1754. Esse grande matemático encontrou resultados para problemas também relacionados a jogos com dados e achava que a teoria é que estava errada, já que na prática os resultados não se confirmavam...mas ocorre que D'Alembert estava errado.

144 Curso de Análise Combinatória e Probabilidade

Os problemas eram os seguintes:

A) Qual é a probabilidade de obter pelo menos uma cara em dois lançamentos de uma moeda?

D'Alembert achava que essa probabilidade era $\frac{2}{3}$, ou seja, a obtenção de uma ou duas caras no lançamento de dois dados era de $\frac{2}{3}$ ou aproximadamente 0,6667. Vejamos o que obtivemos pela simulação no computador:

nº de repetições	1 ou 2 caras	proporção
100	69	0,69
1 000	778	0,778
10 000	7545	0,7545
50 000	37337	0,74674

Verifique que obtivemos um resutado bastante distante do que era esperado por D'Alembert...

B) Qual é a probabilidade de obter pelo menos uma cara em três lançamentos de uma moeda?

Para esse problema D'Alembert achava que o resultado da probabilidade era $\frac{3}{4}$ ou 0,75. Vejamos agora o que a simulação obteve para esse segundo caso:

nº de repetições	1, 2 ou 3 caras	proporção
100	92	0,92
1000	882	0,882
10000	8762	0,8762
50000	43814	0,87628

Novamente um resultado bastante diferente do que esperava D'Alembert. Mas o que ocorreu? Como raciocinou D'Alembert? Onde estava o erro?

Para o primeiro problema, de obter uma ou duas caras no lançamento de dois dados, ele raciocinava assim:

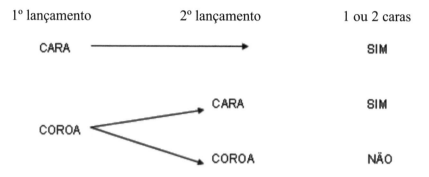

A "árvore das possibilidades" mostrada acima indica o raciocínio de D'Alembert para o primeiro problema e justifica seu resultado 2/3 para esse problema. Mas o que ele errou foi que a árvore correta para tal caso é:

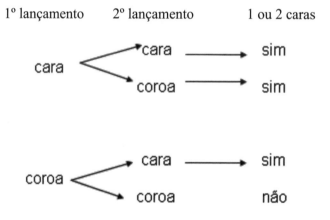

O esquema acima descrito, que já havia sido indicado por Fermat cerca de 100 anos antes, mostra que a probabilidade correta para tal caso é de $\frac{3}{4}$ ou 0,75, o que está bastante próximo do que obtivemos experimentalmente.

Para o segundo problema ele raciocinou, também errado, da seguinte maneira:

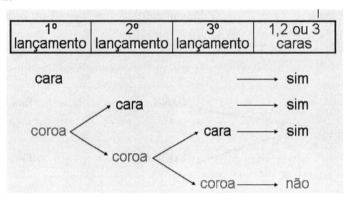

Dessa forma D'Alembert obteve o resultado $\frac{3}{4}$ para o segundo caso descrito. Novamente ele cometeu um erro e a árvore correta para tal caso, ainda pelo método de Fermat, é a seguinte:

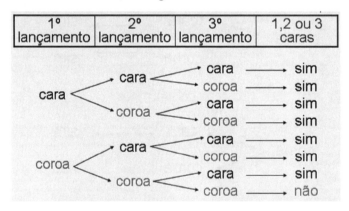

Verifique que a probabilidade para esse caso, como mostrada acima é 7/8 ou 0,875, que está bastante próxima do resultado que encontramos experimentalmente.

Podemos concluir que os paradoxos apresentados envolviam erros de cálculo ou mesmo teóricos e que as previsões da Lei dos Grandes Números

Probabilidades | 147

de Bernoulli acaba sendo sempre confirmada, se não cometemos erros nas previsões feitas.

Exercícios Complementares

1) Em um grupo de 100 pessoas, 31 têm o grupo sangüíneo A, 42 o grupo B, 22 o grupo AB, e as restantes têm o grupo sangüíneo O. Calcule a probabilidade de que uma pessoa selecionada ao acaso tenha grupo sangüíneo:

A) A
B) O

2) Em uma roleta há números de 0 a 36. Supondo que a roleta não seja viciada, calcule a probabilidade de ser sorteado um número:

A) par
B) menor que 25
C) par menor que 25
D) par ou menor que 25
E) ímpar, sabendo que é menor que 25
F) menor que 25, sabendo que é ímpar

3) Lançando dois dados não-viciados, um verde e outro vermelho, qual é a probabilidade de obtermos uma soma de pontos maior que 7?

4) Retirando-se sucessivamente, e sem reposição, 3 cartas de um baralho de 52 cartas, qual é a probabilidade de ocorrerem:

A) 3 cartas de espadas
B) 3 ases
C) 1 rei, 1 dama e 1 valete

5) Uma prova consta de 10 testes com 5 alternativas cada um, sendo apenas uma delas correta. Um aluno pretende "chutar" a resposta de todas as questões. Pergunta-se:

A) de quantas maneiras diferentes o aluno pode responder essas questões?

B) qual a probabilidade dele acertar APENAS 6 das questões?

C) qual a probabilidade dele acertar apenas as 6 primeiras questões?

6) No lançamento de 4 moedas não-viciadas, qual é a probabilidade de ocorrer pelo menos uma coroa?

7) Um casal tem 8 filhos, sendo que não há gêmeos entre eles. Qual a probabilidade de esses filhos serem:

A) 8 homens?

B) 5 homens e 3 mulheres?

C) os 5 primeiros homens e as outras 3, mulheres?

8) Lançando-se um dado não-viciado 4 vezes, qual é a probabilidade de ocorrer o número 6 no mínimo 3 vezes?

9) Em uma urna foram colocados todos os anagramas que podem ser formados com as letras da palavra LIVRO. Retirando-se aleatoriamente um desses anagramas, qual é a probabilidade de a palavra:

A) começar com a letra L?

B) apresentar a sílaba LI?

C) terminar com a letra O, sabendo que começa por uma consoante?

10) Retirando-se duas cartas de um baralho de 52 cartas, qual a probabilidade de sair um "ás" e um "rei"?

11) Lançando-se dois dados distinguíveis, qual a probabilidade de se obterem números iguais?

12) Em uma comunidade formada por 100 indivíduos, 20% dos homens e 30% das mulheres são analfabetos. Sorteada uma pessoa desse grupo, determine a probabilidade de ela ser:
(Obs.: Considere o número de homens igual ao número de mulheres)

A) analfabeta

B) alfabetizada

Probabilidades | 149

13) A probabilidade João acertar um tiro no alvo é 1/6 e a de Pedro é 1/5. Ambos darão um tiro cada um na direção do alvo. Qual a probabilidade de que:

A) o alvo não seja atingido
B) somente João atinja o alvo

14) Os alunos de uma classe que pretendem cursar Matemática, Física ou Química foram distribuídos por sexo conforme a tabela abaixo:

	Matemática	Física	Química
homem	20	20	10
mulher	10	30	10

Com base nesses dados responda:

A) sorteado um aluno ao acaso, qual a probabilidade de que curse Química, sabendo que se trata de uma mulher?

B) qual a probabilidade de que seja uma mulher, sabendo-se que se dedicará à Química?

15) Uma urna contém 6 bolas vermelhas e 4 azuis. Retirando-se 7 bolas, com reposição, qual a probabilidade de termos:

A) 4 vermelhas e 3 azuis?
B) as 4 primeiras vermelhas, e as demais azuis?

16) Se um dado é lançado 3 vezes, qual a probabilidade de se obter, em qualquer ordem, os valores 1, 2 e 3?

17) Uma moeda é lançada três vezes. Qual a probabilidade de obtermos cara nos dois primeiros lançamentos e coroa no terceiro?

18) A probabilidade de um atirador acertar um determinado alvo é o triplo da que ele erre. Se esse atirador der 5 tiros, determine a probabilidade de:

A) ele acertar os 2 primeiros e errar os outros 3;
B) ele acertar 2 tiros

C) ele acertar exatamente 2 tiros;
D) ele acertar no máximo 2 tiros;

19) Em uma urna são colocadas fichas contendo todos os anagramas da palavra LIVRO.

   A) retirando-se uma ficha dessa urna, qual a probabilidade se obter uma "palavra" começada com a sílaba LI?
   B) retirando-se uma ficha dessa urna, observa-se que ela começa com a sílaba LI. Qual a probabilidade dessa "palavra" terminar com a letra R?

20) CESGRANRIO
    Em uma amostra de 500 peças, existem exatamente 4 defeituosas. Retirando-se, ao acaso, uma peça dessa amostra, a probabilidade de ela ser perfeita é de:

    A) 99,0%   D) 99,1%
    B) 99,2%   E) 99,3%
    C) 99,4%

21) Uma caixa contém exatamente 1000 bolas numeradas de 1 a 1000. Qual é a probabilidade de se tirar, ao acaso, uma bola contendo um número par ou um número de dois algarismos?

    A) 45%   D) 19%
    B) 59%   E) 54,5%
    C) 50%

22) Uma comissão é formada por cinco homens de até 30 anos, quatro homens com mais de 30 anos, oito mulheres de até 30 anos e cinco mulheres com mais de 30 anos. Escolhe-se, ao acaso, uma pessoa para presidir a comissão. Sabendo-se que a pessoa escolhida é mulher, qual a probabilidade de que ela tenha mais de 30 anos?

23) Uma urna contém exatamente sete bolas: 3 brancas e 4 pretas. Retirando-se sucessivamente e sem reposição três bolas, qual a probabilidade de:

A) saírem as duas primeiras bolas pretas e a terceira branca;
B) saírem duas bolas pretas e uma branca;
C) sair pelo menos uma bola branca.

24) Sabendo-se que a probabilidade de que um animal adquira certa enfermidade, no decurso de cada mês, é igual a 30%, a probabilidade de que esse animal somente venha a contrair a doença no final do terceiro mês é igual a:

A) 21%
B) 49%
C) 6,3%
D) 14,7%
E) $3.(0,7)2. 0,3\%$

25) PUC
As cartas de um baralho são amontoadas aleatoriamente. Qual é a probabilidade de a carta de cima ser de copas e a de baixo também? O baralho é formado por 52 cartas de 4 naipes diferentes (13 de cada naipe).

26) UFRJ
Manuel e Joaquim resolveram disputar o seguinte jogo: uma bola será retirada ao acaso de uma urna que contém 999 bolas idênticas, numeradas de 1 a 999. Se o número sorteado for par, ganha Manuel; se for ímpar, Joaquim ganha. Isso foi resolvido após muita discussão, pois ambos queriam as bolas pares.
Se todas as bolas têm a mesma probabilidade de serem retiradas, identifique quem tem mais chances de ganhar o jogo. Justifique sua resposta.

27) EsFAO
Um número positivo "N" de 3 algarismos distintos, escrito na base decimal, é escolhido ao acaso. A probabilidade de $\log_2 N$ ser inteiro é:

A) $\dfrac{1}{450}$

B) $\dfrac{1}{300}$

C) $\dfrac{1}{216}$

D) $\dfrac{1}{180}$

E) $\dfrac{1}{162}$

Curso de Análise Combinatória e Probabilidade

28) Considere em um plano cartesiano os pontos de coordenadas inteiras cuja distância à origem $(0, 0)$ é menor ou igual a 4. Escolhendo-se ao acaso um desses pontos, determine a probabilidade de que sua distância à origem seja, no máximo, igual a 2.

29) Um grupo de 160 alunos foi classificado em meninos e meninas e a matéria em que ficaram retidos, segundo a tabela:

Alunos	Matemática	Português	Física
Menino	50	30	10
menina	20	10	40

Escolhendo, ao acaso, um aluno desse grupo, calcule a probabilidade:

A) de ser menina, dado que foi retido em Português.
B) de estar retido em Física ou Matemática, dado que é menino.
C) de ser menino, dado que foi retido em Física ou Matemática.

30) FUVEST
Um relógio digital marca horas e minutos:

hora   minuto

$\boxed{A}\boxed{B}$ $\boxed{C}\boxed{D}$ (por exemplo, $\boxed{2}\boxed{3}$ $\boxed{5}\boxed{9}$)

Escolhido um instante ao acaso, a probabilidade de que os algarismos A e C sejam iguais é:

A) 1%

B) $\dfrac{2}{25}$

C) $\dfrac{3}{26}$

D) $\dfrac{1}{12}$

E) $\dfrac{1}{6}$

Probabilidades | 153

31) Um número inteiro positivo n ≤ 100 é escolhido aleatoriamente. Considere que se n ≤ 50, a probabilidade de se escolher n seja igual a p e que se n > 50, a probabilidade de se escolher n seja igual a 3p. Nessas condições, calcule a probabilidade de se escolher um número n que seja um quadrado perfeito.

32) Um lote de peças para automóveis contém 60 peças novas e 10 usadas. Uma peça é retirada ao acaso e, em seguida, sem reposição da primeira, outra é retirada. Determine a probabilidade de:

A) as duas peças serem usadas
B) a primeira ser nova e a segunda, usada.

33) Em uma urna existem 10 bolas coloridas. As brancas estão numeradas de 1 a 6 e as vermelhas, de 7 a 10. Retirando-se uma dessas bolas, qual a probabilidade de:

A) ela ser branca ou de seu número ser maior que 7?
B) ela ser vermelha, sabendo que o número retirado é par?

34) Sorteando-se dois vértices de um decágono, qual a probabilidade deles determinarem uma diagonal?

35) Um candidato realiza uma prova com 50 questões de múltipla escolha, com cinco opções cada uma, assinalando ao acaso uma única alternativa em cada questão. Determine a probabilidade de que ele acerte exatamente 30 questões.

36) Em uma bandeja há dez pastéis dos quais três são de carne, três de queijo e quatro de camarão. Se Fabiana retirar, aleatoriamente e sem reposição, dois pastéis dessa bandeja, a probabilidade de os dois pastéis retirados serem de camarão é:

A) $\dfrac{3}{25}$

D) $\dfrac{2}{5}$

B) $\dfrac{4}{25}$

E) $\dfrac{4}{5}$

C) $\dfrac{2}{15}$

154 | Curso de Análise Combinatória e Probabilidade

Respostas:
1) 31%; 5%
2) 19/37; 25/37; 13/37; 31/37; 6/13; 2/3

3) 13/36

4) 11/850; 1/5525; 8/16575

5) A) 5^{10}; B) $\dbinom{10}{6}\left(\dfrac{1}{5}\right)^6 \cdot \left(\dfrac{4}{5}\right)^4$; C) $\left(\dfrac{1}{5}\right)^6 \cdot \left(\dfrac{4}{5}\right)^4$

6) 15/16
7) 1/256 ; 7/32 ; 1/256
8) 21/64
9) 1/5; 1/5; 1/4
10) 8/663
11) 1/6
12) 25% ; 75%
13) 2/3 ; 2/15
14) 1/5; 1/2

15) $\dbinom{7}{4}\left(\dfrac{6}{11}\right)^4\left(\dfrac{4}{11}\right)^3$; $\left(\dfrac{6}{11}\right)^4\left(\dfrac{4}{11}\right)^3$

16) 1/36

17) 1/8

18) A) $\left(\dfrac{3}{4}\right)^2\left(\dfrac{1}{4}\right)^3$;

B) $\dbinom{5}{2}\left(\dfrac{3}{4}\right)^2\left(\dfrac{1}{4}\right)^3 + \dbinom{5}{3}\left(\dfrac{3}{4}\right)^3\left(\dfrac{1}{4}\right)^2 + \dbinom{5}{4}\left(\dfrac{3}{4}\right)^4\left(\dfrac{1}{4}\right)^1 + \dbinom{5}{5}\left(\dfrac{3}{4}\right)^5\left(\dfrac{1}{4}\right)$;

C) $\dbinom{5}{2}\left(\dfrac{3}{4}\right)^2\left(\dfrac{1}{4}\right)^3$;

D) $\dbinom{5}{0}\left(\dfrac{3}{4}\right)^0\left(\dfrac{1}{4}\right)^5 + \dbinom{5}{1}\left(\dfrac{3}{4}\right)^1\left(\dfrac{1}{4}\right)^4 + \dbinom{5}{2}\left(\dfrac{3}{4}\right)^2\left(\dfrac{1}{4}\right)$

19) 1/20; 1/3
20) B

Probabilidades 155

21) E
22) 5/13
23) 6/35; 18/35; 31/35
24) D
25) 1/17
26) P(M) = 499/999; P(J) = 500/999; J > M
27) C
28) 13/53
29) 1/4; 2/3; 1/2
30) E
31) 8%
32) 9/483; 60/483
33) 90%; 40%
34) 7/9

35) $\binom{50}{30}\left(\dfrac{1}{5}\right)^{30}\left(\dfrac{4}{5}\right)^{2(}$

36) C

Questões de Concursos

1) (FUVEST)

Uma ONG decidiu preparar sacolas, contendo 4 itens distintos cada, para distribuir entre a população carente. Esses 4 itens devem ser escolhidos entre 8 tipos de produtos de limpeza e 5 tipos de alimentos não perecíveis. Em cada sacola, deve haver pelo menos um item que seja alimento não perecível e pelo menos um item que seja produto de limpeza. Quantos tipos de sacolas distintas podem ser feitos?

A) 360   D) 600
B) 420   E) 640
C) 540

2) (UFMG)

Um baralho é composto por 52 cartas divididas em quatro naipes distintos. Cada naipe é constituído por 13 cartas – 9 cartas numeradas de 2 a 10, mais Valete, Dama, Rei e Ás, representadas, respectivamente, pelas letras J, Q, K e A.

Um par e uma trinca consistem, respectivamente, de duas e de três cartas de mesmo número ou letra. Um full hand é uma combinação de cinco cartas, formada por um par e uma trinca.
Considerando essas informações, CALCULE:
1. de quantas maneiras distintas se pode formar um full hand com um par de reis e uma trinca de 2;

2. de quantas maneiras distintas se pode formar um full hand com um par de reis;

3. de quantas maneiras distintas se pode formar um full hand.

3) (UNESP)
Em uma certa empresa, os funcionários desenvolvem uma jornada de trabalho, em termos de horas diárias trabalhadas, de acordo com o gráfico:

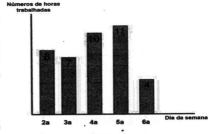

A) Em média, quantas horas eles trabalham por dia durante uma semana?

B) Em uma dada semana ocorrerá um feriado de 1 dia. Qual a probabilidade de eles trabalharem ao menos 30 horas nessa semana?

4) (UFF)
No jogo "Bola Maluca", um jogador recebe 6 bolas que são lançadas sucessivamente sobre um grande tabuleiro inclinado com canaletas numeradas de 1 a 6, conforme a figura.

A cada lançamento, o jogador recebe a pontuação referente ao número da canaleta em que a bola parar. Ao final de todos os lançamentos os pontos recebidos são somados, representando a pontuação total do jogador.

A) Após lançar quatro bolas, um jogador obteve um subtotal de 15 pontos. Determine a probabilidade de, com as duas jogadas restantes, esse jogador totalizar 19 pontos.

B) A probabilidade de se totalizar n pontos após lançamento das seis bolas é indicada por P(n). Determine, entre P(36) e P(20), qual é o maior valor. Justifique sua resposta.

5) (UERJ)
Em uma cidade os números telefônicos não podem começar por zero e têm oito algarismos, dos quais os quatro primeiros constituem o prefixo. Considere que os quatro últimos dígitos de todas as farmácias são 0000 e que o prefixo da farmácia Vivavida é formado pelos dígitos 2, 4, 5 e 6, não repetidos e não necessariamente nessa ordem.
O número máximo de tentativas a serem feitas para identificar o número telefônico completo dessa farmácia equivale a:

A) 6 C) 64
B) 24 D) 168

6) (UNESA)

Fazendo os cálculos com o dinheiro que recebeu de sua mãe, Maluquinho percebeu que podia comprar alimentos para apenas dois de seus seis dependentes. De quantas maneiras diferentes ele pode fazer essa escolha?

A) 30 D) 15
B) 25 E) 10
C) 20

7) (UNESA)
Em uma cidade do interior o funcionamento de um equipamento é controlado através de um painel de 5 (cinco) lâmpadas, com acendimentos independentes, que envia mensagens ao operador. Cada mensagem é representada por um conjunto de pelo menos duas lâmpadas acesas.

Dessa maneira, o número de mensagens diferentes que o operador poderá receber é:

A) 24
B) 25
C) 26
D) 27
E) 28

8) (UENF)
Uma pesquisa realizada em um hospital indicou que a probabilidade de um paciente morrer no prazo de um mês, após determinada operação de câncer, é igual a 20%.
Se três pacientes são submetidos a essa operação, calcule a probabilidade de, nesse prazo:

A) todos sobreviverem;
B) apenas dois sobreviverem.

9) (UERJ)
Considere uma compra de lápis e canetas no valor de R$ 29,00. O preço de cada lápis é de R$ 1,00 e o de cada caneta é R$ 3,00.
A probabilidade de que se tenha comprado mais canetas do que lápis é igual a:

A) 20%
B) 50%
C) 75%
D) 80%

A charge abaixo, retirada do jornal Extra deve ser utilizada para responder as questões 10 e 11:

10) (UNESA)
Se cada pessoa na fila levar em média 5 minutos para ser atendida, o homem de bengala, após ser atendido, terá ficado na fila um total de minutos igual a:

A) 95
B) 90
C) 85
D) 80
E) 75

11) UNESA
Considerando todas as ordenações possíveis que poderiam ser feitas com as 8 pessoas que estão na fila, em quantas dessas ordenações as duas mulheres ficariam juntas?

A) 2.8!
B) 2.7!
C) 8! 2
D) 7! 2
E) 2.6!

12) (UERJ)

O poliedro acima, com exatamente trinta faces quadrangulares numeradas de 1 a 30, é usado como um dado, em um jogo.

160 | Curso de Análise Combinatória e Probabilidade

Admita que esse dado seja perfeitamente equilibrado e que, ao ser lançado, cada face tenha a mesma probabilidade de ser sorteada.
Calcule:

A) a probabilidade de obter um número primo ou múltiplo de 5, ao lançar esse dado uma única vez;
B) o número de vértices do poliedro.

13) (UENF)

Uma loja de equipamentos de informática veiculou o seguinte anúncio:
VOCÊ CONFIGURA E NÓS MONTAMOS!
Acesse o nosso site na INTERNET e escolha a configuração de seu computador. Você escolhe o processador, a quantidade de memória, a capacidade do disco rígido e as outras características do seu micro.
Veja as opções que oferecemos:

ITENS	CARACTERÍSTICAS			
1 – DISCO RÍGIDO (HD)	3.2 GB	4.3 GB	6.2 GB	
2 – PROCESSADOR PENTIUM	II 266	II 333	II 400	MMX 233
3 – PLACA FAX – MODEM	33 Kbps	56 Kbps		
4 – MONITOR	15"	17"		
5 - MEMÓRIA SDRAM	32 mb	64 mb	128 mb	

Você, ao configurar seu computador, deve escolher, obrigatoriamente, apenas uma característica em todos os cinco itens apresentados.

A) Determine a quantidade de configurações distintas que poderão ser feitas.
B) Um cliente escolhe, aleatoriamente, uma dentre todas as possíveis configurações com HD de 4.3 GB. Calcule a probabilidade de essa configuração apresentar um processador PENTIUM II 400.

14) (UENF)

Em uma reportagem divulgada recentemente, realizada entre mulheres executivas brasileiras, constatou-se o fato de que 90% dessas mulheres se sentem realizadas com o trabalho que desenvolvem e 20% delas almejam a direção da empresa em que trabalham.

Escolhendo-se aleatoriamente uma dessas executivas, determine a probabilidade de essa mulher não se sentir realizada no trabalho ou não querer assumir a direção da empresa em que trabalha.

15) (UERJ)
Em uma experiência de fecundação in vitro, 4 óvulos humanos, quando incubados com 4 suspensões de espermatozóides, todos igualmente viáveis, geraram 4 embriões, de acordo com a tabela a seguir.

OVULO	EMBRIÃO FORMADO	N° TOTAL DE ESPERMATOZÓIDES	N° DE ESPERMATOZÓIDES PORTANDO CROMOSSOMA X
1	E_1	500.000	500.000
2	E_2	100.000	25.000
3	E_3	400.000	100.000
4	E_4	250.000	125.000

Observe os gráficos:

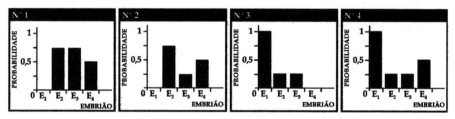

Considerando a experiência descrita, o gráfico que indica as probabilidades de os 4 embriões serem do sexo masculino é o de número:

A) 1
B) 2
C) 3
D) 4

16) (UERJ)
Um campeonato de futebol será disputado por 20 times, dos quais quatro são do Rio de Janeiro, nas condições abaixo:

I – cada time jogará uma única vez com cada um dos outros;
II – todos farão apenas um jogo por semana;
III – os jogos serão sorteados aleatoriamente.

Calcule:

A) o menor número de semanas que devem ser usadas para realizar todos os jogos do campeonato;
B) a probabilidade de o primeiro jogo ser composto por duas equipes cariocas.

17) UNESA
Formam-se todos os números de 2 algarismos distintos, usando os números primos de 0 as 10. Se escolhermos, aleatoriamente, um dos números formados, a probabilidade dele ser par é:

A) 1/10
B) 1/4
C) 1/2
D) 1/5
E) nula

18) (UERJ)
Em uma sala existem cinco cadeiras numeradas de 1 a 5. Antônio, Bernardo, Carlos, Daniel e Eduardo devem se sentar nessas cadeiras.
A probabilidade de que nem Carlos se sente na cadeira 3, nem Daniel na cadeira 4, equivale a:

A) 16%
B) 54%
C) 65%
D) 96%

19) (UNESA)
Leia a tirinha abaixo:

Considerando que um baralho possui 52 cartas, a probabilidade de que a Mônica encontrasse uma carta de copas, diferente da que ela encontrou é de:

A) $\frac{3}{13}$ D) $\frac{1}{3}$

B) $\frac{4}{13}$ E) $\frac{1}{4}$

C) $\frac{5}{13}$

20) (UERJ)
Com o intuito de separar o lixo para fins de reciclagem, uma instituição colocou em suas dependências cinco lixeiras de diferentes cores, de acordo com o tipo de resíduo a que de destinam: vidro, plástico, metal, papel e lixo orgânico.

Sem olhar para as lixeiras, João joga em cada uma delas uma embalagem plástica e, ao mesmo tempo, em outra, uma garrafa de vidro.
A probabilidade de que ele tenha usado corretamente pelo menos uma lixeira é igual a:

A) 25%   C) 35%
B) 30%   D) 40%

21) (UENF)
Dez pezinhos para vigiar
Imagine a situação: com 1 ano e 7 meses, cinco dos sete adoráveis filhinhos da americana Bobbi McCaughey, 30 anos, começaram a andar. Todos de uma vez. E trocar fralda, dar comida, pôr para dormir? Sorte que mamãe – e papai também, que largou o emprego em uma concessionária de carros – tem tempo para correr atrás. Desde que os sétuplos nasceram, a principal fonte de renda do casal (que ganha quase

tudo que as crianças precisam) é dar entrevistas e tirar fotos. Rende bem: quem não quer ver tanta gracinha junta? Já a promessa pré-parto de não expor as crianças...

Considerando os 7 filhos gêmeos de Bobbi, calcule:

A) de quantas maneiras ela poderá colocar todas as crianças em fila, uma ao lado da outra, de modo que a única que está usando óculos ocupe sempre posição central;
B) a probabilidade de se escolher aleatoriamente uma criança, dentre as 7, que ainda não tenha começado a andar.

22) (UERJ)
Em uma barraca de frutas, as laranjas são arrumadas em camadas retangulares, obedecendo à seguinte disposição: uma camada de duas laranjas encaixa-se sobre uma camada de seis; essa camada de seis encaixa-se sobre outra de doze; e assim por diante, conforme a ilustração abaixo.

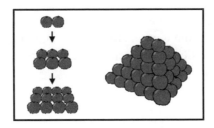

Sabe-se que a soma dos elementos de uma coluna do triângulo de Pascal pode ser calculada pela fórmula $C_p^p + C_{p+1}^p + C_{p+2}^p + \ldots + C_n^p = C_n^p$, na qual n e p são números naturais, $n \geq p$ e C_n^p corresponde ao número de combinações simples de n elementos tomados p a p.
Com base nessas informações, calcule:

A) a soma;
B) o número total de laranjas que compõem quinze camadas

23) (UNESA)

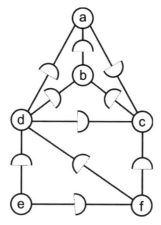

Na figura acima considere o conjunto {a, b, c, d, e, f} de seis neurônios. Um neurônio tanto é capaz, como não, de enviar um impulso diretamente a outro neurônio. Biologicamente um impulso é transmitido por um mecanismo bastante complicado, que é esquematicamente representado por (x)——(——(y) na figura acima. A relação "x pode transmitir um impulso para y" é matematicamente representado por um par ordenado (x, y). Qual é o número de pares ordenados obtidos na figura acima que satisfazem tal relação?

A) 7
B) 8
C) 9
D) 10
E) 11

24) (UENF)
Observe o resultado de uma enquete do site britânico CentralNic.

A) Determine, dentre os usuários de computador que participaram da enquete, o número daqueles que possuem senha na categoria familiar.
B) Admita que, para criar uma senha da categoria criptográfica, o usuário deva utilizar duas vogais seguidas de quatro algarismos distintos.
Calcule o número de senhas criptográficas diferentes que podem ser formadas.

25) (UERJ)

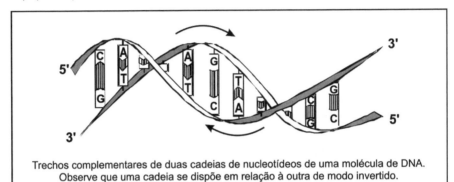

Trechos complementares de duas cadeias de nucleotídeos de uma molécula de DNA. Observe que uma cadeia se dispõe em relação à outra de modo invertido.

(Adaptado de LOPES, Sônia. Bio. São Paulo. Saraiva, 1993)

Considere as seguintes condições para a obtenção de fragmentos de moléculas de DNA:
• todos os fragmentos devem ser formados por 2 pares de bases nitrogenadas;
• cada fragmento deve conter as quatro diferentes bases nitrogenadas.
O número máximo de fragmentos diferentes que podem ser assim obtidos corresponde a:

A) 4   C) 12
B) 8   D) 24

26) (UENF)
Observe os dados no quadro a seguir:

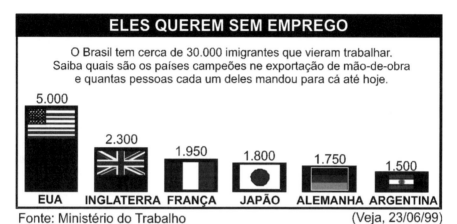

Fonte: Ministério do Trabalho   (Veja, 23/06/99)

Admitindo que o número de imigrantes é exatamente 30.000, determine:

A) o percentual, desses 30.000, que corresponde ao número de trabalhadores japoneses;
B) a probabilidade de que, escolhendo-se ao acaso um desses 30.000 imigrantes, ele seja argentino.

Respostas:
1) E
2) 1) 24; 2) 288; 3) 3.744
3) a) 8; b) 6/7 ou 85,7%
4) a) 1/12 ; b) P(20)
5) B
6) D
7) C
8) a) 64/125 ; b) 48/125
9) A
10) A
11) B
12) a) 1/2 ; b) 32
13) a) 144 ; b) 25%

168 | Curso de Análise Combinatória e Probabilidade

14) 82%
15) A
16) a) 19; b) 3/95
17) B
18) C
19) A
20) C
21) a) 720; b) 2/7
22) a) 969; b) 1360 laranjas
23) A
24) a) 570; b) 126.000
25) B
26) a) 6%; b) 5%

Exercícios Complementares – Revisão Geral

1) Uma criança possui sete blocos cilíndricos, todos de cores diferentes, cujas bases circulares têm o mesmo raio. Desses blocos, quatro têm altura igual a 20 cm e os outros três têm altura igual a 10 cm. Ao brincar, a criança costuma empilhar alguns desses blocos, formando um cilindro, cuja altura depende dos blocos utilizados.

DETERMINE de quantas maneiras distintas a criança pode formar cilindros que tenham exatamente 70 cm de altura.

2) Em uma loteria são sorteados 6 objetos. Sabe-se que a urna contém exatamente 20 bilhetes. Uma pessoa retira da urna 4 bilhetes. Assinale entre as alternativas abaixo, o número de possibilidades que essa pessoa tem de retirar, pelo menos, 2 bilhetes premiados entre os quatro retirados?

A) 1365   D) 2184
B) 10.001   E) 1660
C) 3185

3) Quantos são os números de 5 algarismos distintos, sendo os 3 primeiro ímpares e os dois últimos pares?

Probabilidades 169

4) Quanto aos anagramas da palavra "ENIGMA", sejam as afirmações:

4.1) O número total deles é 720.
4.2) O número dos que terminam com a letra A é 25.
4.3) O número dos que começam com EM é 24.

Então, apenas:

A) a afirmação 1 é verdadeira
B) a afirmação 2 é verdadeira
C) a afirmação 3 é verdadeira
D) as afirmações 1 e 2 são verdadeiras
E) as afirmações 1 e 3 são verdadeiras

5) O número de anagramas da palavra CONTADORIA em que as letras da palavra CONTO aparecem nessa ordem é:

A) 360
B) 1800
C) 15120
D) 21600
E) 30240

6) Com dez jogadores de futebol de salão, dos quais dois só podem jogar no gol e os demais só podem jogar na linha, determine de quantas maneiras podemos formar um time com um goleiro e quatro jogadores na linha.

7) Um teste é composto por 15 afirmações. Para cada uma delas, deve-se assinalar, na folha de respostas, uma das letras V ou F, caso a afirmação seja, respectivamente, verdadeira ou falsa.
A fim de se obter, pelo menos, 80% de acertos, o número de maneiras diferentes de se marcar a folha de respostas é

A) 455
B) 576
D) 620
C) 560

8) De quantas maneiras podemos distribuir 4 prêmios de valores diferentes a 6 pessoas de modo que cada uma receba no máximo um prêmio? E se os prêmios tiverem o mesmo valor? E se uma pessoa puder ganhar mais de um prêmio?

170 | Curso de Análise Combinatória e Probabilidade

9) Em uma prova objetiva de 20 questões, cada uma com cinco alternativas, das quais apenas uma é correta, um candidato encontra-se diante da seguinte situação:

A) Sabe a resposta certa das dez primeiras questões

B) Está indeciso entre duas alternativas para cada uma das cinco questões seguintes

C) Não sabe responder às questões restantes, mas identifica, nas três últimas, uma alternativa absurda em cada uma delas.

Considerando que ele responderá a todas às 20 questões buscando acertar o maior número possível, calcule de quantas maneiras distintas ele pode marcar o cartão de resposta.

10) Uma pessoa anotou um número de 4 algarismos, porém, não consegue encontrá-lo. Sabe-se no entanto, que o primeiro algarismo é ímpar e que os demais são pares distintos. O número máximo de tentativas para descobrir esse número é:

A) 625!   D) 625
B) 5 x 125!   E) 300
C) 5 x 60!

11) Determine o número total de anagramas da palavra VOLUME que apresentam a letra V antes da letra L.

12) Quantos números naturais de 6 algarismos distintos podem ser formados com 1, 2, 3, 4, 5 e 7 de modo que os algarismos pares nunca fiquem juntos?

13) (EsFAO) - Em uma unidade do Corpo de Bombeiros, há de serviço 2 oficiais, 3 sargentos e 7 soldados. Quantos grupos de 4 soldados comandados por um oficial ou por um sargento, podem ser formados?

A) 4200   D) 250
B) 840   E) 175
C) 320

Probabilidades | 171

14) (AFA) - Em uma urna temos 07 bolas pretas e 05 bolas brancas. De quantas maneiras podemos tirar 06 bolas da urna, das quais apenas 02 são brancas:

A) 132
B) 210

C) 300
D) 350

15) (EN) - Entre os dez melhores alunos que freqüentam o grêmio de informática da Escola Naval, será escolhido um diretor, um tesoureiro e um secretário. O número de maneiras diferentes que podem ser feitas as escolhas é:

A) 720
B) 480
C) 360

D) 120
E) 60

16) Um homem vai a um restaurante disposto a comer um só prato de carne e uma só sobremesa. O cardápio oferece oito pratos distintos de carne e cinco pratos diferentes de sobremesa. De quantas formas pode o homem fazer sua refeição ?

17) Utilizando os algarismos 0, 1, 2, 3, 4 e 5, quantos números de 4 algarismos podem ser formados? Desses, quantos são pares?

18) Seja A = {a, e, i, o, u}. De quantos modos podemos formar um par ordenado (x, y) com $x \in A$ devendo $x \neq y$?

19) Seja A = {a, e, i, o, u}. De quantos modos podemos formar um subconjunto de A contendo dois elementos?

20) Considere os dígitos 1,2,3 e 5.

A) Quantos produtos de 3 algarismos distintos podemos formar?
B) Quantas frações diferentes de 1 podemos formar?

21) Marcam-se seis pontos sobre uma circunferência numerados de 1 a 6. Quantos números podem ser formados por vetores (não nulos) com extremidades nestes pontos?

172 | Curso de Análise Combinatória e Probabilidade

22) Quantos números de 4 algarismos podemos formar nos quais o algarismo 2 aparece ao menos uma vez?

23) De um baralho de 52 cartas, retiram-se duas cartas sucessivamente e sem reposição. De quantos modos podemos extrair um REI e em seguidas uma carta de copas?

24) Quantos são os anagramas da palavra ROMA nos quais nenhuma letra ocupa o seu lugar primitivo?

25) Considere 5 pontos sobre uma circunferência. De quantos modos podemos formar triângulos com vértices nestes pontos?

26) Dispomos de 6 qualidades diferentes de bebidas, encontre a quantidade de "drinks" formados pela mistura de duas doses iguais de bebidas diferentes.

27) Se x é inteiro $|x| < 10$, então o número de formas de escolherem três valores de x com soma par é:

A) 527   D) 405
B) 489   E) 600
C) 432

28) Utilizando-se os algarismos 1, 3, 4, 5, 7 e 8, quantos números de três algarismos distintos, maiores de 500, podemos formar?

29) Durante a copa do mundo, que foi disputado por 24 países, as tampinhas de coca-cola traziam palpites sobre os países que se classificariam nos 3 primeiros lugares (por exemplo: 1º lugar, Brasil; 2º lugar, Nigéria; 3º lugar, Holanda). Se em cada tampinha, os três países são distintos, quantas tampinhas diferentes podem existir?

30) Mostre que $\dfrac{2^{10}(5\ !)^2}{10\ !} = \dfrac{2.4.6.8.10}{1.3.5.7.9}$

31) Mostre que $\dfrac{2.4.6.8.\ ...\ (2n)}{1.3.5.7.\ ...\ (2n-1)} = \dfrac{2^{2n}(n\ !)^2}{(2n)!}$

Probabilidades | 173

32) Vamos definir $n_a! = n (n - a) (n - 2a) (n - 3a) \dots (n - ka)$, onde k é o maior inteiro para o qual $n > ka$. O valor do quociente $\dfrac{72_8!}{18_2!}$ é igual a $4x$. Calcule x.

33) Resolva a equação $\dfrac{(n + 2)! + (n + 1)!}{n!} = 5(n + 1)$

34) Ao exprimir, utilizando fatorial, o produto $12 . 16 . 20 . 24 . \dots . 100$, um aluno afirmou que era igual a $2^{45} . 25!$
Verifique se o aluno está correto ou não, apresentando sua solução.

35) Se $a_n = \dfrac{(n+1)! - n!}{n^2 \left[(n-1)! + n! \right]}$, então a 1997 é:

A) $\dfrac{1997}{1996}$

D) 1997

B) $\dfrac{1}{1998}$

E) 1

C) 1998!

36) Utilizando fatorial, expresse o produto $5 . 10 . 15 . 20 . \dots . 625$.

37) Exprimir, utilizando fatorial, o produto $P = 20 . 25 . 30 . \dots . 150$

38) Sendo $\dfrac{(n+1)!}{n!} = 7$, calcule o valor de $\sqrt{\dfrac{(n+3)!}{(n+1)!}}$.

39) O número de arranjos de $n + 2$ objetos tomados 5 a 5 é igual a $180n$. Assim, concluímos que n é um número:

A) par

B) ímpar

C) divisível por 3

D) compreendido entre 10 e 20

40) (FUVEST) O número de anagramas da palavra FUVEST que começam e terminam por vogal é:

A) 24

D) 120

B) 48

E) 144

C) 96

41) Usando uma vez a letra A, uma vez a letra B e n − 2 vezes a letra C, podemos formar 20 anagramas diferentes, com n letras em cada anagrama. O valor de n é:

A) 3
B) 4
C) 6
D) 5
E) 7

42) Quantos anagramas podem ser formados com as letras da palavra HEREDITÁRIO:

A) começando por vogal;
B) apresentando as consoantes juntas.

43) Com uma letra R, uma letra A e um certo número de letras M, podemos formar 20 permutações. O número de letras M é:

A) 6
B) 12
C) 4
D) 3

44) Considere o quadriculado abaixo. Quantos percursos distintos podemos fazer do ponto A para o ponto B, caminhando apenas para a direita e para cima sobre as linhas do quadriculado?

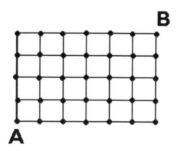

45) (UFF) Percorrendo-se uma unidade de comprimento por vez, em movimentos paralelos aos eixos coordenados e no sentido positivo dos mesmos, deseja-se caminhar da origem até o ponto (3, 3), conforme o exemplificado na figura. Determine de quantas maneiras isto pode ser feito.

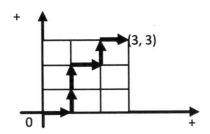

46) Quantos anagramas possui a palavra DANIEL ?

47) Quantos anagramas possui a palavra PRELUDIO:

   A) sem restrições;
   B) começando por PRE nesta ordem;
   C) terminando por UDIO em qualquer ordem;
   D) tendo as letras L, U, e D juntas nesta ordem;
   E) tendo as letras P, R, E e L juntas em qualquer ordem;
   F) tendo as letras D, I e O separadas.

48) De um grupo de 5 pessoas, de quantas maneiras posso convidar, pelo menos duas, para um jantar?

49) Sabendo-se que um baralho tem 52 cartas das quais 12 são figuras, assinale a alternativa que corresponde ao número de agrupamentos de 5 cartas que podemos formar com cartas desse baralho, tal que cada agrupamento contenha pelo menos três figuras.

   A) 10   D) 171.600
   B) 100.000   E) 191.400
   C) 192.192

50) Um valor de m que satisfaz a equação $6A_{m,4} - 2C_{m,2} = 35 \cdot \dfrac{P_m}{(m-2)!}$ é:

   A) 10   D) 4
   B) 6   E) 5
   C) 8

176 | Curso de Análise Combinatória e Probabilidade

51) O resultado da expressão: $C_{10,1} + C_{10,2} + C_{10,3} + C_{10,4} + \ldots + C_{10,10}$, sendo $C_{m,p}$ o número de combinações simples de m elementos tomados p a p, é:

A) 2^{10}

B) 2^{10+1}

C) $2^{10} + 1$

D) 2^{10-1}

E) $2^{10} - 1$

52) Uma comissão de 5 pessoas é formada de membros de uma congregação que é composta por 8 homens e 4 mulheres. De quantas maneiras é possível formar a comissão de modo que ele tenha:

A) Exatamente 2 mulheres ?

B) Pelo menos 2 mulheres ?

C) No máximo 2 mulheres ?

53) Cada pessoa presente a uma festa cumprimentou outra com um aperto de mão uma única vez. Sabendo-se que os cumprimentos totalizaram 66 apertos de mão, pode-se afirmar que estiveram presentes à festa:

A) 66 pessoas

B) 33 pessoas

C) 24 pessoas

D) 12 pessoas

E) 6 pessoas

54) Seja A um conjunto com n elementos. O número de subconjuntos de A com 3 elementos é:

A) $\dfrac{n(n-1)(n-2)}{3}$

B) $n - 3$

C) $\dfrac{n^3}{3}$

D) $\dfrac{n!}{(n-3)! \, 3!}$

E) $\dfrac{n!}{(n-3)!}$

55) Em uma festa compareceram 12 alunos e 3 professores. Foram tiradas fotos de forma que em cada uma figurassem 5 pessoas, cada vez usando grupos distintos de pessoas. Em quantas fotos aparecem, exatamente, dois professores?

Probabilidades | 177

56) Uma escola possui 18 professores sendo 7 de Matemática, 3 de Física e 4 de Química. De quantas maneiras podemos formar comissões de 12 professores de modo que cada uma contenha exatamente 5 professores de Matemática, no mínimo 2 de Física e no máximo 2 de Química?

A) 875
B) 1.877
C) 1.995
D) 2.877
E) n.d.a.

57) (PUC-RS) O maior número de retas definidas por 12 pontos distintos, dos quais 7 são colineares, é:

A) 44
B) 45
C) 46
D) 90
E) 91

58) O número de soluções inteiras e não-negativas da equação $x + y + z + t = 6$, é igual a:

A) 84
B) 86
C) 88
D) 90

59) Em uma urna temos 07 bolas pretas e 05 bolas brancas. De quantas maneiras podemos tirar 06 bolas da urna, das quais apenas 02 são brancas:

A) 132
B) 210
C) 300
D) 350

60) Um químico possui 10 tipos de substância. De quantos modos possíveis poderá misturar seis dessas substâncias se, entre as dez, duas somente não podem ser juntadas porque produzem mistura explosiva?

61) Em uma classe de doze alunos, um grupo de cinco será selecionado para uma viagem. De quantas maneiras distintas esse grupo poderá ser formado, sabendo que, entre os doze alunos, dois são irmãos e só poderão viajar se estiverem juntos?

A) 30.240   D) 408
B) 594   E) 372
C) 462

62) (EsFAO) Na figura abaixo, nove pontos são marcados sobre duas semi-retas de mesma origem.
Quantos triângulos podem ser traçados tendo por vértices três desses pontos?

A) 15   D) 70
B) 45   E) 80
C) 60

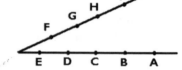

63) (EN) - São dados 8 pontos sobre uma circunferência. Quantos são os polígonos convexos cujos vértices pertencem ao conjunto formado por esses 8 pontos?

A) 219   D) 2520
B) 224   E) 40320
C) 1255

64) A soma dos coeficientes do polinômio resultante do desenvolvimento de:
$\left(x + \dfrac{1}{2x}\right)^5$ é igual a:

A) $\dfrac{1}{10}$ D) $\dfrac{243}{32}$

B) $\dfrac{1}{64}$ E) 64

C) $\dfrac{1}{32}$

65) Determine o termo médio do desenvolvimento de $\left(x\sqrt{x} - \dfrac{1}{\sqrt[3]{x}}\right)^8$.

Probabilidades | 179

66) Utilizando a fórmula do binômio de Newton, calcule o valor de $(1,02)^3$.

67) Lembrando que $(\cos x + i\ \text{sen} x)^k = \cos(kx) + i\ \text{sen}(kx)$, encontre uma expressão para calcular sen 5x, em função de senx.

68) Calcule, caso exista, o termo em x^6 no desenvolvimento de $(1 + x + x^2)^8$.

69) Seja $S = (x-1)^4 + 4(x-1)^3 + 6(x-1)^2 + 4(x-1) + 1$. Então S é igual a:

A) $(x-2)^4$
B) $(x-1)^4$
C) x^4
D) $(x+1)^4$
E) $x^4 + 1$

70) No desenvolvimento de $(x^3 + x^k)^4$, para que exista termo independente de x, o valor de k pode ser:

A) 3
B) 1
C) -3
D) 2
E) -2

71) O quinto termo do desenvolvimento de $\left(A + \dfrac{1}{2x^3} \right)^7$ é $\dfrac{945}{16x^6}$. Determinar A

72) Resolver a equação $\dbinom{8}{3} + \dbinom{8}{4} + \dbinom{9}{6} = \dbinom{10}{x}$

73) O valor de $S = \displaystyle\sum_{p=0}^{20} \binom{20}{p} 2^p$ é igual a:

A) 240
B) 910
C) 222
D) 2020
E) 20!

74) Obtenha o termo independente de x no desenvolvimento de $\left(\sqrt[4]{x} - \dfrac{1}{x} \right)^{10}$

180 | Curso de Análise Combinatória e Probabilidade

75) (AMAN) - Sendo $\dfrac{\dbinom{2n}{n-1}}{\dbinom{2n-2}{n}} = \dfrac{132}{35}$, então o valor de n é:

A) 4

B) $\dfrac{11}{3}$

C) $\dfrac{1}{2}$

D) 6

E) 7

76) O valor de $S = \displaystyle\sum_{2}^{20} \dbinom{20}{p} 5^p$ é igual a:

A) 6^{20}

B) $6^{20} - 7$

C) $6^{20} - 101$

D) 5^{20}

E) $5^{20} - 21$

77) Calcule, caso exista, o termo em x^{-6} no desenvolvimento de $\left(\dfrac{1}{x^2} - \sqrt[4]{x} \right)^{12}$

78) (ITA) Sejam os números reais α e x onde $0 < \alpha < \dfrac{\pi}{2}$ e $x > 0$. Se no desenvolvimento de $\left((\cos\alpha)x + (\sen\alpha)\dfrac{1}{x} \right)^8$ o termo independente de x vale $\dfrac{35}{8}$, então o valor de α é:

A) $\dfrac{\pi}{6}$

B) $\dfrac{\pi}{3}$

C) $\dfrac{\pi}{12}$

D) $\dfrac{\pi}{4}$

Probabilidades | 181

79) Resolva a equação $\binom{8}{x} + \binom{8}{x+1} = \binom{9}{5}$.

80) (ITA) Escreva o desenvolvimento do binômio $(\text{tg}^3 x + \text{cosec}^6 x)^m$, onde m é um número inteiro maior que zero, em termos de potências inteiras de sen x e cos x. Para determinados valores do expoente, esse desenvolvimento possuirá uma parcela P, que não conterá a função sen x. Seja m o menor valor para o qual isto ocorre. Então P = 64/9 quando x for igual a:

A) $x = \dfrac{\pi}{3} + 2k\pi$, k inteiro

B) $x = \pm\dfrac{\pi}{3} + k\pi$, k inteiro

C) $x = \dfrac{\pi}{4} + k\pi$, k inteiro

D) $x = \pm\dfrac{\pi}{6} + 2k\pi$, k inteiro

E) não existe x satisfazendo a igualdade desejada.

81) Sejam $A = \displaystyle\sum_{k=0}^{n} \binom{n}{k} 3^k$ e $B = \displaystyle\sum_{k=0}^{n-1} \binom{n-1}{k} 11^k$.

Se $\ell n\, B - \ell n\, A = \ell n \dfrac{6561}{4}$, então n é igual a:

A) 5
B) 6
C) 7

D) 8
E) 9

82) Seja a equação binomial $\binom{8}{x+3} = \binom{8}{6}$. O produto de suas raízes é:

A) 3

B) -3

C) 0

D) $\dfrac{1}{6}$

E) $\dfrac{1}{3}$

182 Curso de Análise Combinatória e Probabilidade

83) O coeficiente do termo x^3 no desenvolvimento de: $\left(\sqrt{x} - \dfrac{a^2}{x}\right)^{15}$ é:

A) $455\ a^6$
B) $105\ a^6$
C) $-105\ a^6$
D) $-455\ a^6$
E) $-1365\ a^6$

84) O coeficiente de ab^3c^5 no desenvolvimento de $(a + b + c)^9$ é:

A) 60
B) 84
C) 120
D) 504
E) 1260

85) A questão a seguir é composta de três itens:

A) Utilizando Binômio de Newton, desenvolva a expressão $(\cos x + i\ \mathrm{sen}x)^4$, onde i é a unidade imaginária ($i^2 = -1$);

B) Lembrando que $(\cos x + i\ \mathrm{sen}x)^k = \cos(kx) + i\ \mathrm{sen}(kx)$, e utilizando o resultado obtido no item anterior, mostre que $\cos(4x) = 8\cos^4 x - 8\cos^2 x + 1$;

C) Utilizando a expressão anterior, mesmo que não tenha conseguido demonstrá-la, verifique que $\dfrac{\pi}{12}$ é solução da equação $16\cos^4 x - 16\cos^2 x + 1 = 0$.

86) Uma urna contém 4 bolas brancas e 6 bolas pretas. Retiram-se sucessivamente, sem reposição das bolas retiradas, duas bolas da urna. Indique, entre as alternativas abaixo, aquela que representa a probabilidade que as bolas retiradas sejam de cores diferentes. (Admita o espaço eqüiprobabilístico.)

A) $\dfrac{32}{225}$
B) $\dfrac{8}{15}$
C) $\dfrac{4}{25}$
D) $\dfrac{4}{15}$
E) $\dfrac{16}{225}$

87) Em uma turma de 30 alunos, onde 18 são meninas, há 3 alunos chamados João e 2 alunas chamadas Maria. A probabilidade de se escolher um casal de alunos formado por um João e uma Maria é:

A) $\dfrac{1}{48}$

D) $\dfrac{1}{12}$

B) $\dfrac{1}{36}$

E) $\dfrac{1}{6}$

C) $\dfrac{1}{30}$

88) A tabela seguinte, fornece, por sexo e por curso, o número de estudantes matriculados num colégio estadual.

Sexo Curso	Homens	Mulheres
Form. Geral	400	200
Form. de Professores	80	320

Escolhendo, ao acaso, um desses estudantes e representando por p_1, a probabilidade de o elemento escolhido ser homem ou ser do Curso de Formação Geral e por p_2, a probabilidade de o elemento escolhido ser mulher, dado que é do Curso de Formação de Professores, pode-se concluir que:

A) $p_1 = 32\%$ e $p_2 = 20\%$
B) $p_1 = 40\%$ e $p_2 = 80\%$
C) $p_1 = 40\%$ e $p_2 = 52\%$
D) $p_1 = 68\%$ e $p_2 = 80\%$
E) $p_1 = 68\%$ e $p_2 = 52\%$

89) Um aluno vai realizar uma prova com 8 questões de múltipla escolha, com 4 opções cada uma. Como não estudou, decidiu "chutar" todas as questões. Determine a probabilidade desse aluno:

A) acertar a metade do número de questões da prova;
B) acertar apenas as 3 primeiras questões;
C) acertar, pelo menos, duas questões.

184 | Curso de Análise Combinatória e Probabilidade

90) Em uma sacola existem 4 bolas verdes, 3 azuis e 5 vermelhas.

i) retirando-se 3 bolas sucessivamente, sem reposição, determine a probabilidade de:

A) todas serem vermelhas;
B) todas serem da mesma cor;
C) sair uma bola de cada cor;
D) a primeira ser vermelha;

ii) retirando-se 3 bolas sucessivamente, com reposição, determine a probabilidade de:

A) serem todas da mesma cor;
B) sair uma bola de cada cor;
C) a primeira ser vermelha, a segunda azul e a terceira ser verde.

91) Considere todos os anagramas da palavra URANO:

1) Em quantos deles:
A) As letras A,O,U aparecem juntas, nessa ordem?
B) As letras A,O,U aparecem juntas em qualquer ordem?
C) As vogais e as consoantes aparecem juntas?

2) Um dos anagramas é selecionado ao acaso, e verifica-se que ele começa com a sílaba RA. Qual é a probabilidade dessa palavra terminar com a letra O?

92) (E.NAVAL) Lançam-se simultaneamente cinco dados honestos. Qual a probabilidade de serem obtidos nessa jogada, uma trinca e um par (isto é, um resultado do tipo AAABB com $B \neq A$)?

A) $\dfrac{5}{1296}$

D) $\dfrac{125}{324}$

B) $\dfrac{5}{3888}$

E) $\dfrac{125}{648}$

C) $\dfrac{25}{648}$

93) Uma urna contém 6 bolas vermelhas e 4 azuis. Retirando-se 7 bolas, com reposição, qual a probabilidade de termos:

A) 4 vermelhas e 3 azuis?
B) as 4 primeiras vermelhas, e as demais azuis?

94) Após uma partida de futebol, em que as equipes jogaram com as camisas numeradas de 1 a 11 e não houve substituições, procede-se ao sorteio de dois jogadores de cada equipe para exame anti-doping. Os jogadores da primeira equipe são representados por 11 bolas numeradas de 1 a 11 de uma urna A e os da segunda, da mesma maneira, por bolas de uma urna B. Sorteia-se primeiro, ao acaso e simultaneamente, uma bola de cada urna. Depois para o segundo sorteio, o processo deve ser repetido, com as 10 bolas restantes de cada urna.
Se na primeira extração foram sorteados dois jogadores de números iguais, a probabilidade de que aconteça o mesmo na segunda extração é de:

A) 0,09
B) 0,1
C) 0,12
D) 0,2
E) 0,25

95) (UERJ)

Protéticos e dentistas dizem que a procura por dentes postiços não aumentou. Até declinou um pouquinho. No Brasil, segundo a Associação

186 | Curso de Análise Combinatória e Probabilidade

Brasileira de Odontologia (ABO), há 1,4 milhões de pessoas sem nenhum dente na boca, e 80% delas já usam dentadura. Assunto encerrado.

(Adaptação de Veja, outubro/97).

Considere que a população brasileira seja de 160 milhões de habitantes. Escolhendo ao acaso um deles habitantes a probabilidade de que ele não possua nenhum dente na boca e use dentadura, de acordo com a ABO, é de:

A) 0,28%   C) 0,70%

B) 0,56%   D) 0,80%

96) Em um jogo de "Bingo" são sorteadas, sem reposição, bolas numeradas de 1 até 75 e um participante concorre com a cartela reproduzida abaixo.

		BINGO		
5	18	33	48	64
12	21	31	51	68
14	30		60	71
13	16	44	46	61
11	27	41	49	73

A probabilidade de que os três primeiros números sorteados estejam nessa cartela é:

A) $\dfrac{A_{15}^5}{A_{15}^3}$

D) $\dfrac{A_{15}^5}{A_{75}^{15}}$

B) $\dfrac{A_{15}^3}{A_{75}^3}$

E) $\dfrac{A_{24}^3}{A_{75}^3}$

C) $\dfrac{A_5^3}{A_{24}^3}$

Probabilidades | 187

97) Um dado é jogado três vezes, uma após a outra. Pergunta-se:

A) Quantos são os resultados possíveis em que os três números obtidos são diferentes?

B) Qual a probabilidade da soma dos resultados ser maior ou igual a 16?

98) Qual é a probabilidade de que, jogando-se um dado dez vezes, saia pelo menos uma vez o número 6?

A) $(5/6)^{10}$ D) $1 - (1/6)^{10}$

B) $1 - (5/6)^{10}$ E) $1 - (1/2)^{10}$

C) $(1/6)^{10}$

99) Duas caixas, A e B, contém exatamente 5 bolas cada uma. Retiram-se duas bolas de cada caixa, aleatoriamente.O número de elementos do espaço amostral relativo a esse experimento é exatamente:

A) 25   C) $C_{10, 4}$

B) 100   D) 400

100) Uma urna contém 12 peças boas e 5 defeituosas. Se 3 peças foram retiradas aleatoriamente, sem reposição, qual a probabilidade de serem 2(duas) boas e 1(uma) defeituosa?

A) $\dfrac{1}{12}$ C) $\dfrac{33}{68}$

B) $\dfrac{3}{17}$ D) $\dfrac{33}{34}$

101) Em uma urna são colocados números maiores que 2500, formados com os algarismos 1, 2, 3, 4 e 5, sem repetição. A probabilidade de se retirar dessa urna um número com apenas quatro algarismos é:

A) 0,3   C) 0,37

B) 0,34   D) 0,39

188 | Curso de Análise Combinatória e Probabilidade

102) Um número é escolhido ao acaso entre os números inteiros de 1 a 20. Qual é a probabilidade de que esse número seja primo ou quadrado perfeito?

103) Em um teste de 7 questões do tipo "classificar a sentença com verdadeira ou falsa", a probabilidade de um candidato, que responde todas ao acaso, acertar pelo menos seis questões é:

A) 1/256
B) 1/126
C) 1/64

D) 1/32
E) 1/16

104) Uma moeda é lançada 5 vezes. Qual é a probabilidade de se obter:

A) cinco caras;
B) três caras e duas coroas.

105) Uma caixa contém 11 bolas numeradas de 1 a 11. Retirando-se uma delas ao acaso, observa-se que a mesma traz um número ímpar. Determine a probabilidade de esse número ser menor que 5.

106) Uma urna contém todos os anagramas da palavra "ARATACA". Extraindo ao acaso um desses anagramas, qual é a probabilidade dele começar com a letra R? E de não começar por vogal?

107) Um lote de peças para automóveis contém 60 peças novas e 10 usadas. Uma peça é retirada ao acaso e, em seguida, sem reposição da primeira, outra é retirada. Determine a probabilidade de:

A) as duas peças serem usadas
B) a primeira ser nova e a segunda, usada.

108) A probabilidade de um atirador acertar um determinado alvo é o triplo da que ele erre. Se esse atirador der 5 tiros, determine a probabilidade de:

A) ele acertar os 2 primeiros e errar os outros 3;
B) ele acertar 2 tiros
C) ele acertar exatamente 2 tiros;
D) ele acertar no máximo 2 tiros;

Probabilidades | 189

109) Uma caixa contém exatamente 1000 bolas numeradas de 1 a 1000. Qual é a probabilidade de se tirar, ao acaso, uma bola contendo um número par ou um número de dois algarismos?

A) 45%   D) 19%
B) 59%   E) 54,5%
C) 50%

110) Uma comissão é formada por cinco homens de até 30 anos, quatro homens com mais de 30 anos, oito mulheres de até 30 anos e cinco mulheres com mais de 30 anos. Escolhe-se, ao acaso, uma pessoa para presidir a comissão. Sabendo-se que a pessoa escolhida é mulher, qual a probabilidade de que ela tenha mais de 30 anos?

111) Retirando-se duas bolas de uma urna que contém três bolas brancas e quatro amarelas, a probabilidade de que pelo menos uma das duas bolas seja amarela é:

A) 1/7   D) 6/7
B) 2/7   E) 2/5
C) 1/5

112) Uma caixa contém 5 vacinas das quais exatamente 2 estão com data de validade vencida. As datas de validade dessas vacinas são verificadas, uma após a outra, até que as duas vencidas sejam encontradas. Então, a probabilidade de o processo parar na terceira verificação é:

A) $\dfrac{1}{20}$ C) $\dfrac{1}{5}$

B) $\dfrac{1}{10}$ D) $\dfrac{3}{10}$

113) De um baralho de 52 cartas retira-se uma e verifica-se que é vermelha. A probabilidade de ela ser uma figura é:

A) 4/13   D) 1/3
B) 1/12   E) 5/12
C) 3/13

190 | Curso de Análise Combinatória e Probabilidade

114) Uma urna contém duas bolas verdes, quatro brancas e seis azuis. Duas bolas são retiradas sucessivamente, sem reposição. A probabilidade de que ambas sejam azuis é:

A) 1/2
B) 5/11
C) 5/22

D) 6/11
E) 3/4

115) (FUVEST) Seis pessoas A, B, C, D, E e F vão atravessar um rio em três barcos. Distribuindo-se ao acaso as pessoas, de modo que fiquem duas em cada barco, calcule a probabilidade de A atravessar junto com B, C junto com D e E junto com F.

116)(Concurso para Professores – RJ)
A tabela seguinte fornece, por sexo e por curso, o número de estudantes matriculados num colégio estadual.

	Homens	Mulheres
Form. Geral	400	200
Form. De Professores	80	320

Escolhendo, ao acaso, um desses estudantes obtenha as seguintes probabilidades:

A) do elemento escolhido ser homem ou ser do curso de formação geral.
B) do elemento escolhido ser mulher, dado que é do curso de formação de professores.

117) (Concurso para Professores – Macaé)
Uma comissão de 3 elementos será escolhida entre os alunos: Ari, Bernardo, Carlos, David, Eurico, Fernando e Gustavo. A probabilidade de Gustavo pertencer a essa comissão é de, aproximadamente:

A) 43%
B) 45%

C) 47%
D) 49%

118) (Concurso para Professores CEI – RJ)

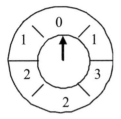

A figura acima sugere uma roleta de um programa de televisão. Gira-se o ponteiro e anota-se o número que ele aponta ao parar; repete-se a operação. A probabilidade de que o produto dos números obtidos seja igual a 6, é:
A) 1/9   D) 1/3
B) 1/6   E) ½
C) ¼

119) (Concurso para Professores – RJ)
Um jogo de loteria, conhecido como Quina da Felicidade, é composto de uma cartela numerada de 1 a 50 (01, 02, ...50). É considerado vencedor o apostador que conseguir acertar a quina (coleção de 5 números) sorteada dentre os 50 números. João fez apenas um jogo com 10 dezenas e Pedro fez 50 jogos distintos de 5 dezenas. Quem tem maior probabilidade de vencer e qual o valor dessa probabilidade?

120) (Concurso para Professores – SME Valença)
A turma 801 da Escola Esperança é constituída de 12 meninas e 8 meninos. Com o objetivo de organizar uma gincana na escola, deseja-se selecionar 3 alunos para representantes de turma. Qual a probabilidade aproximada de que essa comissão de representantes tenha exatamente 2 meninas e 1 menino?

121) (Concurso para Professores – SME de São Gonçalo)
Dois dados (cúbicos) distintos e honestos são lançados sobre uma mesa. A probabilidade da soma dos valores obtidos nas faces superiores ser igual a 5 é de:

192 | Curso de Análise Combinatória e Probabilidade

A) $\dfrac{1}{3}$ D) $\dfrac{1}{6}$

B) $\dfrac{1}{4}$ E) $\dfrac{1}{9}$

C) $\dfrac{1}{5}$

122) (Concurso para Professores – Ensino Médio – FAETEC RJ – 1998)
Em um setor em que trabalham 6 homens e 4 mulheres, será escolhida, por sorteio, uma comissão de 2 representantes desse setor. A probabilidade de que a comissão venha a ser formada somente por homens é de:

A) ½ D) 1/5
B) 1/3 E) 1/6
C) ¼

123) (Concurso para Professores – Fundação Educacional de Barra Mansa)
Uma caixa contém 200 bolas numeradas de 1 a 200. Retirando-se uma delas ao acaso, a probabilidade de que ela esteja numerada com um número múltiplo de 13 é de:

A) 6,5% D) 8,0%
B) 7,0% E) 8,5%
C) 7,5%

124) (Concurso de Professores – SME do Rio de Janeiro)
Teresa deseja comprar 2 periquitos numa loja que tem igual número de machos e fêmeas. Se Teresa escolhe ao acaso dois periquitos, a probabilidade de que ela compre dos periquitos machos é:

A) 25% D) 80%
B) 50% E) 85%
C) 75%

125) (UF – PI)

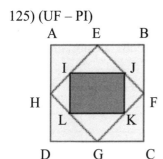

Suponha que um atirador sempre acerte na tábua quadrada ABCD da figura ao lado. A chance de que ele acerte um determinado ponto da tábua é sempre a mesma, qualquer que seja esse ponto.
A partir dos pontos médios de ABCD foi construído um segundo quadrado EFGH e a partir dos pontos médios desse segundo, foi construído um terceiro quadrado IJKL, que é o alvo. A probabilidade de que tal atirador acerte nesse alvo é de:

A) 50% D) 30%
B) 75% E) 25%
C) 20%

126) (Concurso de Professores – SME de Mesquita)
Retirando-se 4 bolas de uma caixa contendo 3 bolas brancas, 4 bolas vermelhas e 5 bolas pretas, a probabilidade de que pelo menos uma das 4 bolas retiradas seja branca é:

A) 41/55 C) 55/14
B) 14/55 D) 1/55

127) (Concurso para Professores – RJ)
Marcos e Celia querem ter 3 filhos. A chance de que o casal tenha três filhas é de:

A) 11%   C) 33,3%
B) 12,5% D) 37,5%

194 | Curso de Análise Combinatória e Probabilidade

128) (Concurso para Professores – RJ)

Oito pontos sobre uma circunferência são os vértices de um octógono regular. Se 4 desses oito pontos forem escolhidos aleatoriamente, a probabilidade de se obter um quadrado é:

A) 1/70   C) 2/35
B) 1/35   D) 2/7

129) (Concurso para Professores – SME de Duque de Caxias)

Em um grupo de 20 pessoas, a probabilidade de que nele haja, pelo menos, duas pessoas nascidas num mesmo mês é igual a:

A) 0,12   D) 1
B) 0,6   E) 5/3
C) 0,8

130) (Concurso para Professores – SME de Niterói)

Dois dados não viciados são lançados simultaneamente. A probabilidade de sair a soma menor do que 5, nas faces voltadas para cima desses dois dados, é:

A) 1/18   D) 1/36
B) 5/18   E) 5/9
C) 1/9

Respostas:

1) 144
2) E
3) 1200
4) E
5) C
6) 140
7) B
8) 360; 15; 6^4
9) 51.200
10) E
11) 360
12) 480
13) E
14) D
15) A
16) 40
17) 1080; 540
18) 20
19) 10
20) a) 4; b) 12
21) 30

Probabilidades | 195

22) 6312

23) $1 \cdot 12 + 3 \cdot 13$

24) 9

25) 10

26) 15

27) B

28) 60

29) 24.23.22

32) $x = 9$

33) $n = 2$

34) O aluno está correto.

35) B

36) $5^{125} \cdot 125!$

37) $P = \dfrac{30! \; 5^{27}}{6}$

38) $6\sqrt{2}$

39) A

40) B

41) D

42) a) $\dfrac{3 \cdot 10!}{4}$; b) 75.600

43) D

44) 210

45) 20

46) 6!

47) a) 8!; b) 5!; c) 3!.4!; d) 6!; e) 5!.4!; f) 4!.5!

48) 26

49) C

50) E

51) E

52) a) 336; b) 456; c) 672

53) D

54) D

55) 660 fotos

56) D

57) C

58) A

59) D

60) 140

61) E

62) D

63) A

64) D

65) $70x^4 \sqrt[3]{x^2}$

66) 1,061208

67) $16 \operatorname{sen}^5 x - 20 \operatorname{sen}^3 x + 5 \operatorname{sen} x$

68) $784x^6$

69) C

70) C

71) $3x^2$

72) $x = 6$ ou $x = 4$

73) B

74) 45

75) D

196 | Curso de Análise Combinatória e Probabilidade

76) C

77) $495 x^{-6}$

78) D

79) $x = 4$ ou $x = 3$

80) D

81) E

82) B

83) D

84) D

85) a) $\cos^4 x + 4i \cos^3 x \operatorname{senx} - 6\cos^2 x \operatorname{sen}^2 x - 4i \cos x \operatorname{sen}^3 x + \operatorname{sen}^4 x$

86) B

87) B

88) D

89) a) $\binom{8}{4}\left(\dfrac{1}{4}\right)^4\left(\dfrac{3}{4}\right)^4$;

   b) $\left(\dfrac{1}{4}\right)^3\left(\dfrac{3}{4}\right)^5$;

   c) $1 - \left(\dfrac{3}{4}\right)^8 - 2\left(\dfrac{3}{4}\right)^7$

90) i) a) 1/22 ; b) 1/15 ; c) 3/11 d) 5/12 ii) a) 216/ 123 ; b) 5/24 ; c) 5/144

91) a) 6; 36; 24; b) 1/3

92) A

93) a) $\binom{7}{4}\left(\dfrac{6}{10}\right)^4\left(\dfrac{3}{10}\right)^3$;

   b) $\left(\dfrac{6}{10}\right)^4\left(\dfrac{3}{10}\right)^3$

94) D

95) C

96) E

97) a) 5/9 ; b) 1/72

98) B

99) B

100) C

101) D

102) 60%

103) E

104) a) $(1/2)^5$; b) 5/16

105) 1/3

106) 1/7 ; 3/7

107) a) 3/161; b) 20/161

108) a) 9/1024 ; b) 63/64 ; c) 90/1024 ; d) 53/512

109) E

110) 5/13

111) D

112) C

113) C

114) C

115) 1/15

116) a) 68%; b) 80%

117) A

118) A

Probabilidades | 197

119) João - 0,0119 %

120) 46%

121) E

122) B

123) C

124) A

125) E

126) A

127) B

128) B

129) D

130) B

198 | Curso de Análise Combinatória e Probabilidade

REFERÊNCIAS BIBIOGRÁFICAS

1. BACHX, Arago de C et all – Prelúdio à Análise Combinatória. SP, Companhia Editora Nacional
2. BARBOSA, Ruy Madsern – Combinatória e Probabilidades – SP, Ed. Nobel, 1968
3. BATSCHELET, E. – Introdução à Matemática para Biocientistas, SP, Interciência, 1978
4. BRASIL – Revista do Professor de Matemática, SBM, n° 43
5. DANTE, L. Roberto – Matemática, Contexto e Aplicações, RJ, Ed. Ática, 1999
6. GOLDSTEIN, Larry J. et all – Matemática Aplicada: Economia, Administração e Contabilidade. Porto Alegre: Bookman, 2002
7. IEZZI, G ET ALLI – Fundamentos de Matemática Elementar. SP – Ed. Atual, 1997
8. IMENES, L. M, Telecurso 2000 – Fundação Roberto Marinho – Ensino Médio
9. INTERNET – www.cef.gov.br/loteria/probabilidades - www.terravista. pt/enseada/1524/mat5.html - www.athena.mat.ufrgs.br
10. LIMA, ELON ET ALLI – A Matemática no Ensino Médio, RJ, SBM, 1998.
11. MACHADO, Antonio dos S. – Matemática Temas e Metas. SP, Atual Editora, 1992
12. MORGADO, A. César e outros – Análise Combinatória e Probabilidades – IMPA / SBM, 1991.
13. NETO, Aref A. et all – Noções de Matemática: Combinatória Matrizes e Determinantes. SP, Editora Moderna, 1979
14. PAULOS, J. A. Analfabetismo em Matemática e suas conseqüências. RJ:Nova Fronteira, 1988.
15. REVISTA: EDUCAÇÃO E MATEMÁTICA – APM – Associação dos Professores de Matemática de Portugal.
16. SBM. Sociedade Brasileira de Matemática – Revista do Professor de Matemática – vols. 20, 34, 43.
17. SIMON, G. & Freund J. – Estatística Aplicada: Economia, Administração e Contabilidade. Bookman, Porto Alegre - 2000
18. TROTTA, F. Análise Combinatória, Probabilidades e Estatística. São Paulo: Ed. Scipione, 1988

Introdução à Análise Combinatória

Autores: José Plínio O. Santos
Margarida P. Mello
Idani T. C. Murari

400 páginas
1ª edição - 2008
Formato: 16 x 23
ISBN: 978-85-7393-634-6

Esta é a quarta edição revista deste livro. Os autores utilizaram a experiência adquirida ao lecionar a disciplina Matemática Discreta durante vários anos, para produzir um texto onde os conceitos são apresentados e fixados por meio de um grande número de exemplos (mais de 200), e de exercícios propostos (mais de 270). O livro apresenta noções de teoria de conjuntos, desenvolve as ferramentas básicas de contagem (princípios aditivo e multiplicativo, arranjos, permutações, combinações, princípio da inclusão e exclusão, relações de recorrência, princípio da "casa dos pombos") e, finalmente, faz uma introdução à teoria dos grafos. Este livro é também de interesse para professores de segundo grau e de cursos preparatórios ao vestibular. O livro "Problemas Resolvidos de Combinatória", também publicado pela Editora Ciência Moderna, serve de leitura complementar a esta edição.

À venda nas melhores livrarias.

Impressão e Acabamento
Gráfica Editora Ciência Moderna Ltda.
Tel.: (21) 2201-6662